Guoshugong

职业技能培训鉴定教材

果树工

（中级）

主　编　郁松林
编　者　席万鹏　刘怀锋　马兵钢
　　　　冯建荣　孙军利　冉　颢
审　稿　张利淇

中国劳动社会保障出版社

图书在版编目(CIP)数据

果树工：中级/劳动和社会保障部教材办公室，新疆生产建设兵团劳动和社会保障局、农业局组织编写. —北京：中国劳动社会保障出版社，2007

职业技能培训鉴定教材

ISBN 978-7-5045-6804-5

Ⅰ. 果…　Ⅱ. ①劳…②新…　Ⅲ. 果树园艺-职业技能鉴定-教材　Ⅳ. S66

中国版本图书馆 CIP 数据核字(2007)第 190014 号

中国劳动社会保障出版社出版发行

(北京市惠新东街 1 号　邮政编码：100029)

出 版 人：张梦欣

*

三河市华骏印务包装有限公司印刷装订　新华书店经销

787 毫米×960 毫米　16 开本　12 印张　223 千字

2007 年 12 月第 1 版　2023 年 2 月第 13 次印刷

定价：19.00 元

营销中心电话：400－606－6496

出版社网址：http: // www.class.com.cn

教材编审委员会

教材编审委员会办公室

内容简介

本教材依据《国家职业标准——果、茶、桑园艺工（茶园工）》，以新疆生产建设兵团果树培育为基础进行编写。教材从职业能力培养的角度出发，力求体现职业培训的规律，满足职业技能培训与鉴定考核的需要。

本教材在编写中贯穿“以职业标准为依据，以企业需求为导向，以职业能力为核心”的理念，采用模块化的编写方式。全书按职业功能分为六个模块单元，主要内容包括果树苗木繁育、果树建园、果园土肥水管理与树体保护、果树整形修剪技术、果树花果管理、果品储藏等。每一单元内容在涵盖职业技能鉴定考核基本要求的基础上，详细介绍了本职业岗位工作中要求掌握的最新实用知识和技术。

为便于读者迅速抓住重点、提高学习效率，教材中还精心设置了“培训目标”等栏目。每一单元后附有单元测试题及答案，全书最后附有理论知识和操作技能考核试卷，供读者巩固、检验学习效果时参考使用。

本教材可用于果树工（中级）操作人员职业技能培训与鉴定考核教材，也可供中、高等职业院校相关专业师生参考，或供相关从业人员参加就业培训、在职培训、岗位培训使用。

前　言

为满足各级培训、鉴定部门和广大劳动者的需要，劳动和社会保障部教材办公室、中国劳动社会保障出版社在总结以往教材编写经验的基础上，联合新疆生产建设兵团劳动和社会保障局、兵团农业局和兵团职业技能鉴定中心，依据国家职业标准和企业对各类技能人才的需求，研发了农业类系列职业技能培训鉴定教材，涉及农艺工、果树工、蔬菜工、牧草工、农作物植保员、家畜饲养工、家禽饲养工、农机修理工、拖拉机驾驶员、联合收割机驾驶员、白酒酿造工、乳品检验员、沼气生产工、制油工、制粉工等职业和工种。新教材除了满足地方、行业、产业需求外，也具有全国通用性。这套教材力求体现以下主要特点：

在编写原则上，突出以职业能力为核心。教材编写贯穿“以职业标准为依据，以企业需求为导向，以职业能力为核心”的理念，依据国家职业标准，结合企业实际，反映岗位需求，突出新知识、新技术、新工艺、新方法，注重职业能力培养。凡是职业岗位工作中要求掌握的知识和技能，均作详细介绍。

在使用功能上，注重服务于培训和鉴定。根据职业发展的实际情况和培训需求，教材力求体现职业培训的规律，反映职业技能鉴定考核的基本要求，满足培训对象参加各级各类鉴定考试的需要。

在编写模式上，采用分级模块化编写。纵向上，教材按照国家职业资格等级编写，各等级合理衔接、步步提升，为技能人才培养搭建科学的阶梯型培训架构。横向上，教材按照职业功能分模块展开，安排足量、适用的内容，贴近生产实际，贴近培训对象需要，贴近市场需求。

在内容安排上，增强教材的可读性。为便于培训、鉴定部门在有限的时间内把最重要的知识和技能传授给培训对象，同时也便于培训对象迅速抓住重点，提高学习效率，在教材中精心设置了“培训目标”等栏目，以提示应该达到的目标，需要掌握的重点、难点、鉴定点和有关的扩展知识。另外，每个学习单元后安排了单元测试题，每个级别的教材都提供了理论知识和操作技能考核试卷，方便培训对象及时巩固、检验学习效果，并对本职业鉴定考核形式有初步的了解。

本系列教材在编写过程中得到新疆生产建设兵团劳动和社会保障局、兵团农业局和兵团职业技能鉴定中心的大力支持和热情帮助，在此一并致以诚挚的谢意。恳切希望各使用单位和个人对教材提出宝贵意见，以便修订时加以完善。

劳动和社会保障部教材办公室

目录

第1单元

果树苗木繁育

第一节　果树苗圃建立与苗木培育

培训目标

→ 能够建立苗圃

→ 能够熟练掌握实生苗和嫁接苗培育技术

一、果树苗圃建立

1. 苗圃地的选择

苗圃地的选择应从具体情况出发，因地制宜，适当改良，建立苗圃。确定苗圃地时，应注意以下事项：

(1) 地点。应设在需要苗木地区的中心一带，这样可以减少苗木运输费用和运输途中的损失，而且苗木对当地的环境条件适应性强，栽植成活率高，生长发育良好。

(2) 地势。应选择背风向阳、日照好、稍有坡度的倾斜地。坡度大的，应先修梯田。平地雨季地下水位应在1～1.5米，并且1年中水位升降变化不大，地下水位过高的低地，要做好雨季排水工作，否则不宜作为苗圃地。肥沃的平地，苗木易徒长，选作苗圃地时，在苗木生长后期应控制肥水，促进苗木生长充实。

(3) 土壤。以沙壤土和轻黏壤土为好。因其理化性质好，适于土壤微生物的活动，对种子的发芽、幼苗的生长都有利，起苗省工，伤根少。黏土、沙土、盐碱土都必须改良，分别掺沙、掺土和修台田，并大量施用有机肥料方能利用。不同的果树树种对盐碱度的适应性不同，如板栗、沙梨等喜微酸性土壤；葡萄、枣、无花果等较耐盐碱；大多数果树以中性或微酸性土壤为好。

(4) 灌溉。果树种子的萌发和插条生根、发芽均要求较湿润的土壤。幼苗期根系浅，耐旱性弱，如果不能保持水分供应，会造成生长停止，严重缺水会造成死亡。尤其是我国北方地区，易发生春旱，必须有充足的水源，以供灌溉。

(5) 病虫害。在病虫害较重的地区，尤其是对危害苗较重的立枯病、根头癌肿病和地下害虫，如蛴螬、金针虫、线虫、根瘤蚜、拟地甲等必须采取防治措施。

2. 苗圃地的规划

苗圃地要根据育苗的性质、任务，培育苗木的树种、品种，结合当地的气象、地形、土壤等资料进行全面规划。一般应包括母本园采穗圃和繁殖区两部分。

（1）母本园采穗圃。主要任务是提供繁殖材料，如砧木种子、自根砧繁殖材料、优良品种采穗圃等，良种采穗圃也可与品种园结合起来，以保证苗木品种纯正，优质健壮。

（2）繁殖区。根据所培育的苗木种类分为实生苗培育区、自根苗培育区和嫁接苗培育区，根据地形状况，为管理方便，小区以长方形为好。

（3）道路结合小区规划设置，主干路以苗圃中心与外部主要道路相通，宽 6 米左右，支路结合大区划分，然后根据需要划分若干小区，小区间留作业路。

（4）排灌系统与防护林。为节约用地，排灌渠道应与道路结合起来，防护林可参照果园防护林的要求设计。

（5）房舍建筑。苗圃办公室、工具室、种子库、仓库等应选择位置适中、交通方便的地点建筑。尽量少占用好地。

苗圃地除母本园外，繁殖区的轮作换茬是十分重要的。因为上茬根系分泌有毒物质，加之土壤中某些营养元素的缺乏，土壤结构破坏，病虫害严重，从而造成重茬地苗木生长不良。应根据规划安排，2～5 年轮作，或不同种类果树苗轮作，同时进行深翻改良土壤、刨除上茬苗的余根、土壤消毒等亦可取得较好效果。

二、实生苗的培育

1. 实生苗的特点和利用

凡是由种子长成的苗木统称为实生苗。这种苗木繁殖方法简便，种子来源多，便于大量繁殖。另外，实生苗根系发达，适应性强，生长旺盛。但实生苗结果晚，而且容易发生变异，不易保持原品种的优良特性。当前，实生苗的用途主要有三个。

（1）实生砧木苗，是我国和世界许多国家嫁接用砧木的主要来源。

（2）某些树种（如核桃、板栗、仁用杏等）常用实生果苗。

（3）实生苗也广泛应用于培育杂种实生苗，以获得优良的变异单株，这是长期以来培育果树新品种的主要途径之一。

2. 种子的采集和储存

应从品质优良、类型一致、无病虫害的母树上采集充分成熟的种子。采种应适时进行，过早采收的种子未成熟，生活力差。采种的时期以果实由绿色变为该种或品种固有的颜色、果肉变软、种子已充实饱满、种皮完全变为褐色时为宜。采集种子后，应立即进行选果取种的工作，选肥大和发育正常的果实取种。对果肉无利用价值的树种（如山定子、杜梨等），可将采来的果子放在缸里或堆积存放，但堆放厚度不要超过 25～35 厘米，而且在堆放期间要经常翻动，等果肉软化后揉搓，然后用水冲淘取出种子，如图 1—1 所示。果肉可利用的果实可结合果品加工取种，但要注意种子不能经过高温处理。

a)　　b)　　c)

图 1—1　种子的剥取

a）剥取种子　b）搓洗种子　c）淘洗种子

种子取出后，应及时处理，以备储藏和层积，如图 1—2 所示。一般仁果类的苹果、梨、海棠等及核果类的桃、杏、李等的种子，应在通风处阴干，避免暴晒。阴干后去除杂质和破粒，使纯度达到 95％以上。然后置于温度在 0～5℃，空气相对湿度在 50％～70％的通风库内储存。樱桃、板栗等的种子怕冻、怕热、怕风干，采后应立即进行沙藏，防止因失水而丧失发芽力。

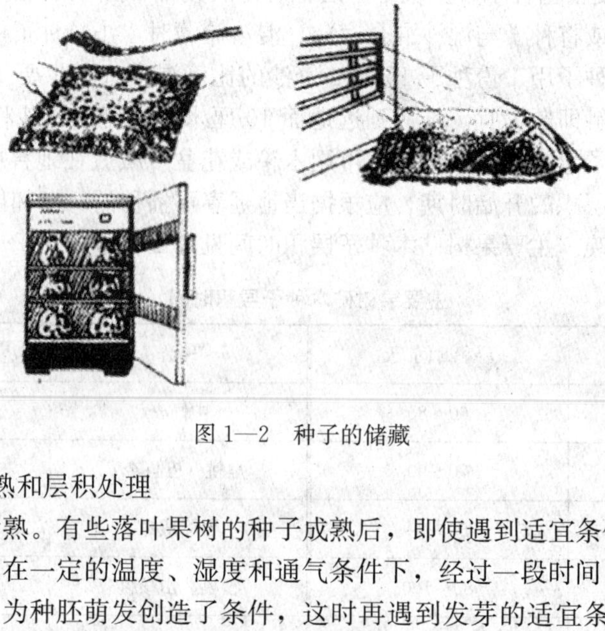

图 1—2　种子的储藏

3．种子的后熟和层积处理

（1）种子的后熟。有些落叶果树的种子成熟后，即使遇到适宜条件也不能发芽，需要一个后熟过程。在一定的温度、湿度和通气条件下，经过一段时间，使种子内部发生一系列生理变化，为种胚萌发创造了条件，这时再遇到发芽的适宜条件种子就能萌发。不同种类的种子，完成后熟需要的时间长短不同。种子完成后熟要求一定的条件，如果条件不适宜，则后熟作用进行缓慢甚至停止。

（2）种子的层积处理。秋播的种子是在田间自然条件下通过后熟的，而春播的种子必须在播种前经过层积处理，使其完全后熟，如图 1—3 所示。层积处理是最常用的一种促进种子后熟的方法。

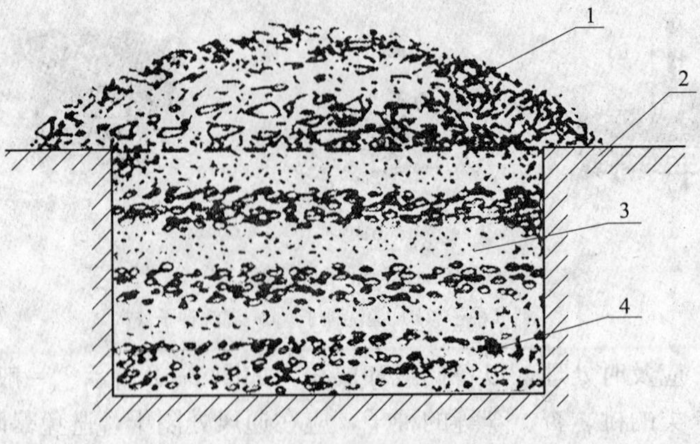

图1—3　种子的层积处理

1—培土　2—地表　3—湿沙　4—种子

层积处理多采用露地沟藏法。选地势高且干燥背阴的地方挖沟，沟深60厘米，宽60～100厘米，长度根据种子多少决定。层积时沟底先铺一层干净的湿沙，然后使种子与湿沙相间层积，或将种子与湿沙混合存放。混沙储藏时，小粒种子用1份种子5份沙的比例混合，大粒种子用1份种子15～20份沙的比例混合（至少要10倍沙），沙的湿度以手握成团，一触即散为宜。堆放到近地面10厘米时，可用湿沙将沟填平，再用土培高出地面。如种子量少不宜沟藏时，可用木箱或花盆沙藏放在地窖中，窖温0～5℃，并保持一定湿度。层积的开始时期，应根据当地翌春可播种的日期和层积所需时间来确定，不可过早或过晚。主要果树砧木种子层积时间见表1—1。

单元 1

表1—1　　主要果树砧木种子层积时间

种类	层积时间/天	种类	层积时间/天
海棠果	60～80	中国李	80～120
新疆野苹果	70～90	扁桃（巴旦杏）	40～60
杜梨	60～80	枣、酸枣	60～100
毛桃、山桃	80～100	核桃、山核桃	60～80
杏、山杏	100	阿尔泰山楂	100

4. 种子生活力的鉴定

为确定种子的质量和适宜的播种量，以保证出苗和成活率，在种子层积前或播种前应对其生活力进行鉴定。

（1）外部形态目测法。一般生命力强的种子种皮有光泽，种仁饱满，种胚和子叶均为乳白色，不透明，有弹性，用手指压按不破碎，无发霉气味。

（2）浸种目测法。对山定子、海棠果等小粒种子，可浸种 24 小时后剥去种皮观察其性状。如子叶和胚为清白色或乳白色，压之有弹性，则为有生活力的种子。如子叶和胚呈透明状或变黄等，均为无生活力的种子。

（3）染色法。常用的染色剂有靛蓝和胭脂红。在染色前将种子浸水 24 小时，然后剥去种皮，用 0.1%～0.2%的水溶液（也可用其他染色剂），在室温条件下染色 3 小时。凡全部着色或胚着色者即表明已失去发芽能力，具有生活力的种子则不着色。

（4）发芽试验。用一定数量的种子（一般大粒种为 50 粒，小粒种为 100 粒），在适宜条件下使其发芽。根据发芽种子占供试种子的百分数确定种子的生活力。

5. 播种

（1）圃地准备

1）整地。播种前必须细致整地，首先要深翻细耙，一般深翻 25～30 厘米。经过深翻的地，土壤结构得到改善，能提高保肥、保水和增湿的作用，有利于土壤中微生物的活动，为种子发芽和根系生长发育创造良好的环境条件。

2）合理施肥。应结合整地施入足够的有机肥料（如土粪、堆肥、厩肥、人粪尿等），改良土壤，提高土壤肥力。根据土壤条件、苗木种类、出圃年限、苗木密度等因素，一般每亩①应施腐熟圈肥 1.5～2.5 吨。为增加基肥的有效成分，可同时混入速效氮、磷、钾肥料，如尿素、碳酸氢铵、过磷酸钙及草木灰等。

3）做畦。整平地后即可做畦。一般种子（如山定子、杜梨）通常用平畦育苗，畦宽 1 米、长 10 米。阴畦南北向排列，阳畦则东西向排列，以便充分利用光照。

（2）播种时期。可秋播，也可春播。应根据当地的气候条件、种子特性确定播种时期。如土壤理化性状好、土壤湿度较稳定、冬季短而不寒冷的地区，可在冬季土壤结冻前播种。春播一般在早春土壤解冻后进行。

（3）播种量。单位土地面积内需用种子的数量称为播种量。播种量的多少要根据播种方法、种子质量和育苗量确定。每公顷地播种量取决于种子大小和纯度，以及育苗的密度。可用下列简单公式计算：

每公顷播种量＝每公顷计划育苗数量/（每千克种子粒数×种子纯洁率×种子发芽率）

常见果树每千克种子数量和播种量见表 1—2（供参考）。

---

① 1 亩＝666.7 平方米。

表 1—2　　主要果树砧木种子每千克数量及播种量

种　类	每千克种子数量/粒	播种量/（千克/公顷）	种　类	每千克种子数量/粒	播种量/（千克/公顷）
海棠果	50 000	15	八陵海棠	30 000	22.5
新疆野苹果	30 000	22.5	酸枣	4 000	75
杜梨	45 000	15	阿尔泰山楂	20 000	30
毛桃	300	750	核桃	100	1 500
山杏	80	300	扁桃（巴旦杏）	500	750

（4）播种方法（见图 1—4）

1）条播。按一定株行距开条形沟播种称为条播。一般仁果类砧苗的行距为 30 厘米，桃、杏、核桃的行距为 50～60 厘米。

2）点播。大粒种子多采用点播法，即按规定的株行距在播种畦中挖穴，在穴中放入种子。一般畦宽 1 米，每畦播 2 行，行距 50 厘米，株距 15 厘米，覆土深度为种子横径的 3 倍左右。干旱地区可适当加厚覆土厚度。播种大粒种子时，种子要侧放，使缝合线与地面垂直，这样有利于幼苗出土和生长。

3）撒播。小粒种可用此法，撒播前要先将苗畦整平、灌水，等水下渗后把种子均匀地撒在苗床或畦中，然后覆土，厚度以掩埋种子为度。

不管采用哪种方法，都应在保证土壤墒情的情况下尽量提高土温，以创造适合种子萌芽出土和幼苗生长的适宜条件。

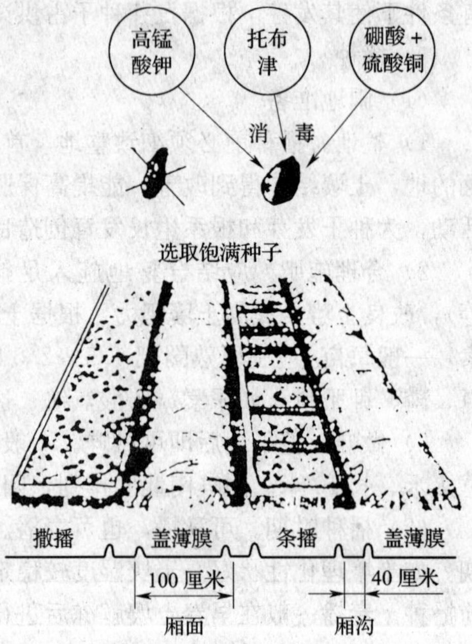

图 1—4　播种方式

（5）播种后的管理。播种后到出苗前争取不补水，以防土壤板结，降低地温，不利出苗。天气干旱时应及时补水。小粒种子播种后，常用稻草等覆盖，以减少水分蒸发。待幼苗部分出土后，应及时除去覆盖物。

（6）实生苗的管理

1）中耕除草，减少蒸发，提高地温，促进植株生长健壮。

2）早间苗，晚定苗，选优去劣，保证苗全苗壮。

3）在幼苗迅速生长期应及时追肥灌水，使砧苗在嫁接适期前达到所要求的高度和粗度，以提高砧苗嫁接率和成活率。芽接前一周，如天气干旱，应及时灌水，使砧苗处于生理活跃状态，以利于提高嫁接成活率。

对实生苗，9月上旬以后应控制肥水，使其及时停止生长，必要时进行摘心，以减少营养消耗，促进苗木成熟，提高抗寒性。

4）及时防治苗期病虫害。

三、嫁接苗的培育

1. 嫁接苗的特点和利用

将优良品种植株的枝或芽接到另一植株的枝干或根上，使之愈合成一个独立的新植株，这个过程称为嫁接，这样得到的苗木称为嫁接苗。用于嫁接的枝或芽称为接穗或接芽，承受接穗的部分称为砧木。

嫁接苗的主要特点是：嫁接繁殖的接穗是取自阶段性成熟、性状已稳定的优良品种的植株，因而能保持其母体品种的优良性状而不易发生变异；嫁接苗比实生苗进入结果年龄早；可利用砧木的适应性和抗逆性，增强和扩大果树对环境条件的适应范围；可用砧木的特性控制树体大小；对于用扦插、压条和分株方法不易繁殖的品种、树种和无核品种、树种，都必须通过嫁接，才能大量繁殖苗木。

2. 嫁接愈合过程与影响成活的因素

（1）嫁接成活的过程。果树嫁接后能否成活，除亲和力外，还取决于砧木和接穗的形成层间能否相互密接产生愈合组织。待愈合组织形成后，细胞开始分化，愈合组织内各细胞间产生胞间连丝，把彼此的原生质互相连接起来。由于形成层的活动，向内形成新的木质部，向外形成新的韧皮部，把输导组织沟通起来，砧、穗上下营养交流，使暂时被破坏的平衡得以恢复，成为一个新的植株。在嫁接时使切面平滑，形成层相互密接是嫁接成活的关键。

（2）影响嫁接成活的因素。影响砧穗结合与成活的主要因素首先是砧木和接穗的亲和力，其次是砧穗质量和嫁接时的接口湿度和技术。砧木和接穗储藏养分的多少、愈合组织产生得快慢、有无伤流及单宁物质等与接口愈合情况均有密切关系。

3. 砧木选择及其利用

（1）砧木的特性。嫁接苗是由砧木和接穗两部分组成的，砧木在果树的生活中同样起着重要的作用，砧木的某些性状和特性，如生长势及对寒、旱、涝、盐碱和某些病虫害等的抵抗能力，都会影响到果树的生长、结果以至生存。

1）砧木对低温的适应性。根系是果树不耐低温的部分，根系受冻会导致全株死亡，所以在容易发生冻害的地区，选用抗寒砧木十分重要。

2）砧木对干旱的适应性。砧木对干旱的适应能力主要受原产地生态条件的影响，一般原产于干旱地区的砧木抗旱力较强，反之较弱；其次与根的发育状况也密切相关，根系强大而深的砧木抗旱力较强。

3）砧木对水涝的适应性。不同种或不同生态类型的砧木，其抗水涝的能力是不相同的。

4）砧木对盐碱的适应性。不同砧木对盐碱的适应能力也不相同。例如，苹果砧木中的东北山定子，原产于比较潮湿的酸性土壤中，如在盐碱地利用，则易发生严重的黄叶病。

5）砧木对病虫害的抗性。果树中有一些类型的砧木对某些病虫害有较强的抵抗能力，如能加以选择应用，可从根本上解决或大大减轻某些病虫害。

（2）砧木与接穗间的相互影响

1）砧木对接穗的影响

①砧木对地上部生长的影响。砧木对地上部的生长有很大影响，它可以使嫁接树的树体长得高大，也可以使树体长得矮小，前者称为乔化砧，后者称为矮化砧。

不同生长势的砧木，对接穗枝梢发生数量及总生长量也有不同影响。砧木对嫁接树的物候期如萌芽期、开花期、落叶期等都有明显影响。

②砧木对结果的影响。砧木对果树的开始结果时期、产量、生理落果、果实成熟期、果实色泽和品质以及储藏力等都有一定影响。通常嫁接在具有矮化性状砧木上的果树结果早，接在乔化砧上的则迟。一般矮化砧木可使果实提早成熟，着色较好。

③砧木对植株寿命及适应性的影响。砧木对嫁接树寿命有很大影响，一般情况下，乔化砧寿命长，矮化砧寿命短。

2）接穗对砧木的影响

①接穗对砧木根系发育的影响。接穗对砧木根系的生长有一定的影响，接穗不同砧木所受的影响亦不同。

②接穗对砧木适应性的影响。根据生化分析结果，接穗对于砧木根系内的淀粉、碳水化合物、总氮、蛋白质的含量及过氧化氢酶的活性，都会产生影响。

3）中间砧对砧木和接穗的影响。利用中间砧可以矮化树势、克服嫁接不亲和问题、提高嫁接树的抗寒以及对某些病虫害的抵抗能力，因此，中间砧对接穗的影响是十分显著的。但中间砧对于砧木的影响仅限于左右根系生长的大小，而对根的形态特征没有影响。一般情况下，中间砧影响的效果与其长度成正相关，当用于矮化中间砧时，砧段长度要求在 25 厘米左右；当用于抗寒中间砧或骨架砧时，砧段长度要更长一些。但用于亲和中间砧时，只要有 1～2 个芽子的砧段就足已达到要求。

（3）区域化砧木的选择。不同类型的砧木有不同的特性，它们对于生态条件的适应能力不同，因此，只有根据区域条件选择适宜的砧木，才能更好地满足果树栽培的要求。砧木选择不当，将给果树栽培带来严重损失。例如，东北山定子在低洼盐碱地上则会生长不良，易患黄叶病，成为不良砧木；又如湖北海棠适应于我国中南部，而不适应于北部地区。一般地说，要因地制宜，选择当地适宜的砧木，并在此基础上，有计划地从外地引种试种，然后才能在生产中推广。

4. 接穗的采集和储运

接穗要从良种母本树上或采穗圃采集。春天用的接穗最好结合冬剪采集，最迟要在萌芽前 2～3 周采集。采后每 100 条捆成一捆，标明品种，放入地窖用湿沙储藏。生长季嫁接用的接穗可随采随用。如需提前采集，采下后立即剪掉叶片，保留叶柄，以减少水分蒸发。接穗每 50～100 条捆成一捆，标明品种，然后于阴凉透风处，挖浅沟铺湿沙，将接穗下端插入沙中，并喷水保持湿润。接穗远运时，应附上品种标签，然后用双层湿蒲包或塑料薄膜包好。夏季要注意通风，防止温度过高，如图 1—5 和图 1—6 所示。

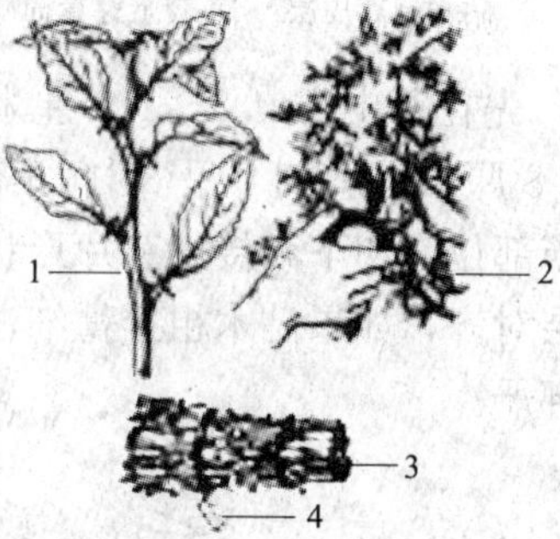

图 1—5 接穗的采集

1—剪除叶片 2—采取健壮枝 3—接穗 4—标签

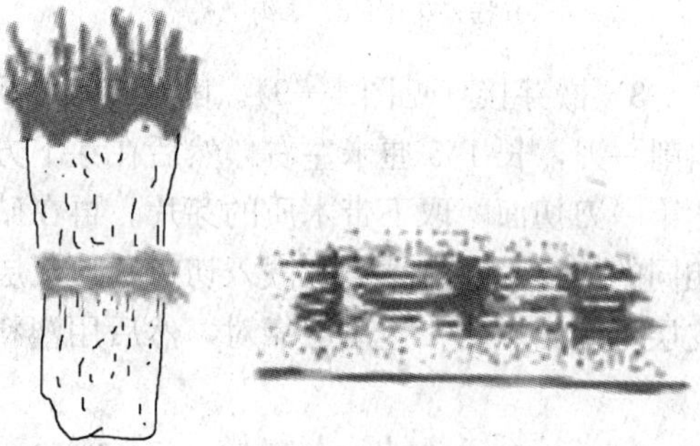

图 1—6 接穗的储藏

5. 嫁接方法

(1) 芽接。芽接是繁育果苗最常用的方法。

1) T 形芽接（盾状芽接）。从当年生新梢上取饱满芽的芽片（通常不带木质部）作为接穗，在砧木上距地 5 厘米左右处的光滑部位开 T 形切口，长、宽略大于芽片。芽片长 1.5～2.5 厘米，取芽时要连芽内侧的维管束（芽眼肉）一同取下，将砧木切口皮层撬起，把芽片放入切口内，使芽片上部切口与砧木横切口密接，然后用塑料条绑严扎紧，如图 1—7 所示。

2) 套芽接（见图 1—8）。选取接穗上饱满芽眼作为接芽，在芽上下各 1～1.5 厘米处环切一周，深达木质部，用拇指和食指捏紧芽褥部分，左右扭动，待皮层滑动后，再将砧木在离地面 10 厘米左右处切断，双手撕开约 1.5 厘米长的皮层，然后从接穗枝上取下管状芽套，套合于砧木上，使二者紧密接合，再将撕开的皮层向上扶起，围绕住芽套下部即可，可不绑缚或轻绑。注意在套接时选择的接穗与砧木的粗度应相等，使接芽套与砧木紧密吻合。另外，砧木也可不截头，只是芽套取时为开口的管状。

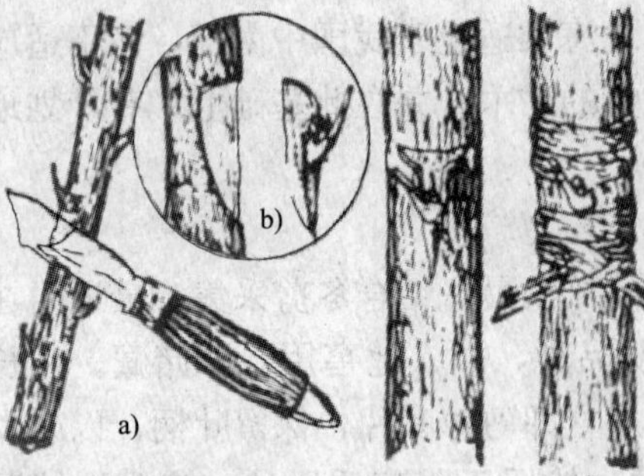

图 1—7　T 形芽接
a）削取芽片　b）取下芽片
c）插入芽片　d）绑缚

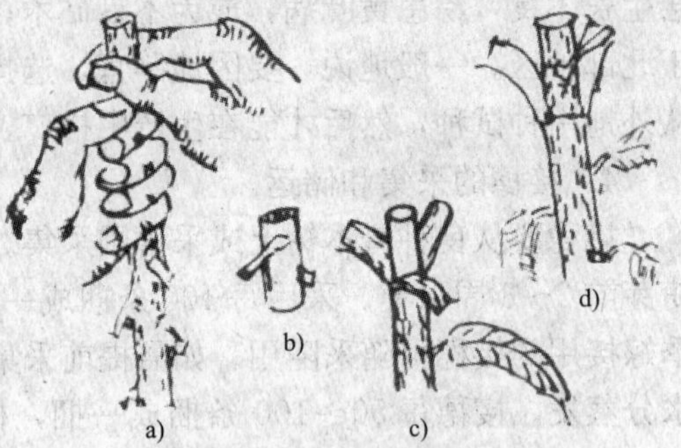

图 1—8　套芽接
a）扭接芽　b）接芽套筒
c）砧木剥离皮层　d）套上芽套筒

3）嵌芽接（见图 1—9）。削取接芽时倒拿接穗，先在芽上方 0.8～1.0 厘米处向下斜削一刀，长 1.5 厘米左右，然后在芽下方 0.5～0.8 厘米处斜切（呈 30°角下斜），深达第一刀切面，取下带木质的芽片。再在砧木的适当部位，切下和接穗芽片形状、大小相同的切口，使接穗正好嵌入切口，形成层和形成层对齐，如果砧木粗接穗细，接穗的皮层可和砧木的一边皮层靠对，然后用塑料条绑紧绑严。

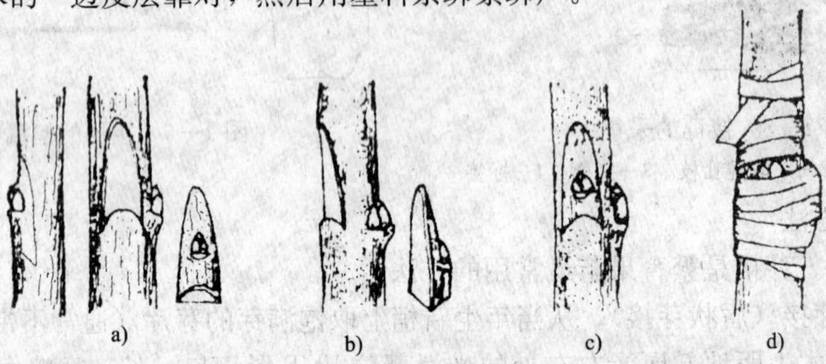

图 1—9　嵌芽接
a）削接芽　b）削砧木接口　c）插入接芽　d）绑缚

（2）枝接

1）插皮接（皮下接）。把削好的接穗插入砧木切口皮下，使之愈合长成一个新植株。选生长健壮、芽体饱满的一年生枝作为接穗，用时可根据情况截取 2～4 个饱满芽。接穗削成切面长 2～2.5 厘米的马耳形，削面要求平滑。再将砧木于适当位置剪断，选光滑的一侧纵切皮层，切口长 2.5～3 厘米，将皮向两边撬，然后将削好的接穗插入砧木皮内，用塑料条绑严绑紧，如图 1—10 所示。

2）切接（见图 1—11）。砧木比接穗粗时可采用切接法。在砧木基部选圆整平滑处剪断，削平剪口。从砧木横断面处纵切一刀，深度在 3 厘米以上。再把接穗削成长面长 2.5～3 厘米、短面长 1 厘米的双削面接穗，削面上部留 2～4 个芽。然后按长削面向里、短削面向外垂直插入砧木切口，使接穗形成层与砧木形成层正对，最后用塑料布条绑扎。若近砧木基部嫁接，接后可埋土保湿；若在高枝嫁接，可用塑料薄膜包严接口，涂接蜡保湿。

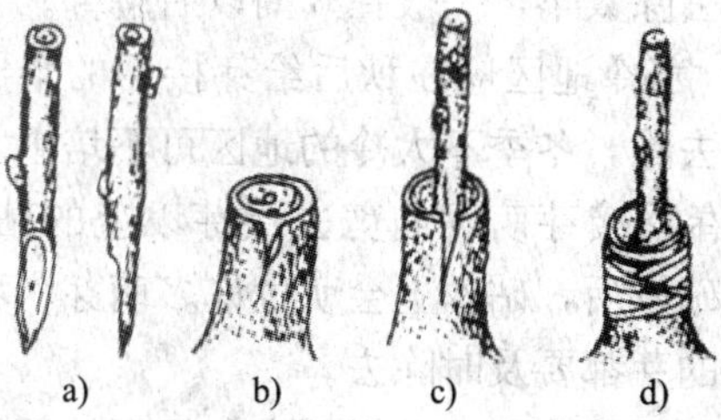

图 1—10　插皮接

a）削接穗　b）砧木开口

c）插接穗　d）绑缚和埋土

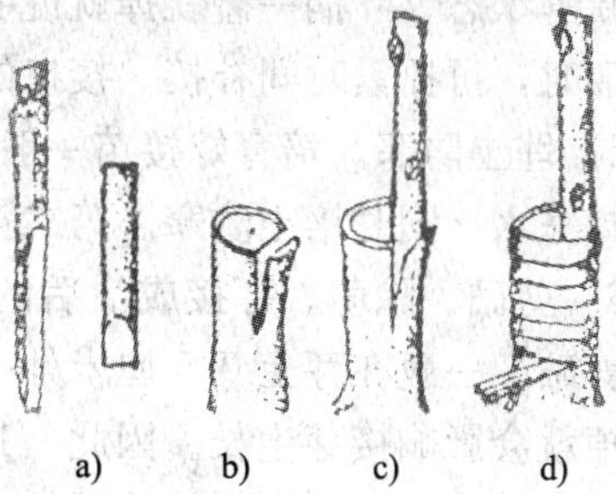

图 1—11　切接

a）削接穗　b）切砧木

c）插入接穗　d）绑缚

3）劈接（见图 1—12）。砧木较粗时可用此法。将砧木从圆整平滑处锯断或剪断，削平锯口，修平断面。用劈接刀从断面中间劈开，深度在 3 厘米以上。把接穗削成长楔形，两削面的长度为 3 厘米左右，削面以上有 2～4 个芽，然后用木楔把劈开的砧木切口撑开，把削好的接穗对准砧木皮部的形成层插入，使接穗削面上部露白 1 毫米，抽出木楔，砧木把接穗夹紧。如果砧木较粗，可同时插入 2～4 个接穗，接后绑缚包扎。如果近地嫁接，接后可埋土保湿；高枝劈接应包严所有切口，涂接蜡保湿。

4）舌接（见图 1—13）。砧木和接穗粗度相近时可用舌接法。砧木和接穗均削成长 3 厘米的马耳形削面，然后在削面先端 1/3 处下刀，平行切入削面，深 1 厘米左右，然后将砧木削面与接穗削面相对，两切面的切口套合，使二者的形成层对准，接穗细时，只要一边对齐就行。对好后用塑料布条或其他绑缚物包扎。

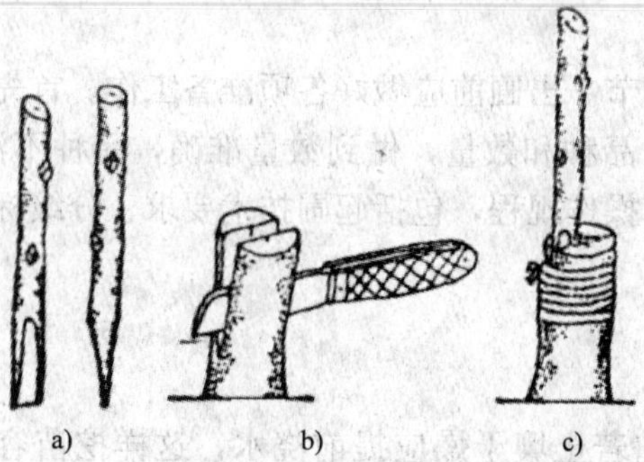

图 1—12　劈接法

a）削接穗　b）削砧木　c）接合与绑扎

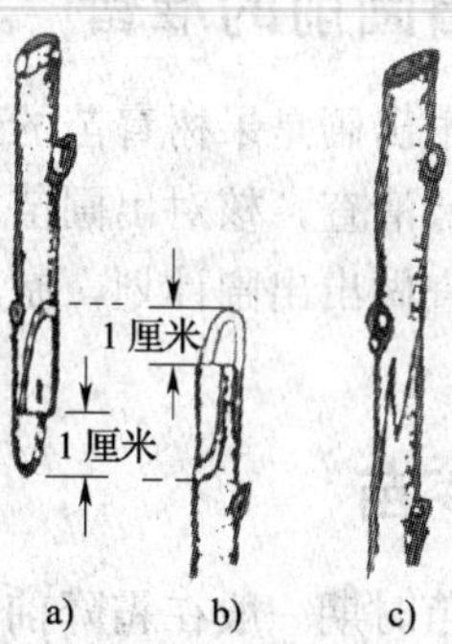

图 1—13　舌接

a）接穗　b）砧木　c）接合状

单元 1

6. 嫁接苗的管理

（1）芽接苗的管理

1）检查成活，解除绑扎物。接后 10～15 天后可检查嫁接成活情况。凡是芽或芽片保持新鲜状态、叶柄一碰就掉就说明已经成活。生长季进行的芽接或带木质的芽接，发现不活时，可抓紧时间补接。接口的包扎物不能去除太早，一般在 3 周以后解绑。

2）埋土防寒。培育嫁接苗一般要 2 年出圃，寒冷地区应在秋后给芽接后的半成品苗灌封冻水，同时培土防寒。第二年春天再及时去除，冬季不太冷的地区可不培土。

3）剪砧、除萌。芽接成活后的砧苗，应在春季接芽萌发前剪去接芽以上的砧段，称为剪砧。一般在芽上 0.5 厘米处一次剪掉。剪砧以后，砧木上会萌生许多萌芽，不及时去掉就会影响接芽生长。因此，凡砧木上发出的芽都要及时除去。

（2）枝接苗的管理。枝接后从砧木上也容易萌发萌蘖，应及早除去。如果枝接接穗多，成活后应选留方位好、生长健壮的上部一根枝条，其余去除。

（3）加强肥水和病虫防治。嫁接苗生长前期要有充足的肥水，应及时追肥浇水，经常中耕锄草，保持土壤疏松。7 月以后应控制肥水，防止后期徒长。发现病虫害时应及时采取措施。

第二节　苗木出圃

培训目标 → 能够熟练掌握苗木出圃技术

一、出圃前的准备

苗木出圃是果树育苗的最后一个环节。出圃前应做好各项准备工作。首先要对出圃苗木进行清查，核对出圃苗木的种类、品种和数量，做到数量准确，品种不混。其次，根据调查做出出圃计划，制定出圃技术操作规程，包括起圃技术要求、分级标准和包装质量等。

二、挖苗

挖苗时期一般在霜降前后。挖苗前若土壤干燥应提前浇水，这样挖苗容易，伤根少。挖苗时先把叶片摘除，尽量少伤根，掘起后应就地适时假植，用土埋住根系，避免风吹日晒，如图 1—14 所示。

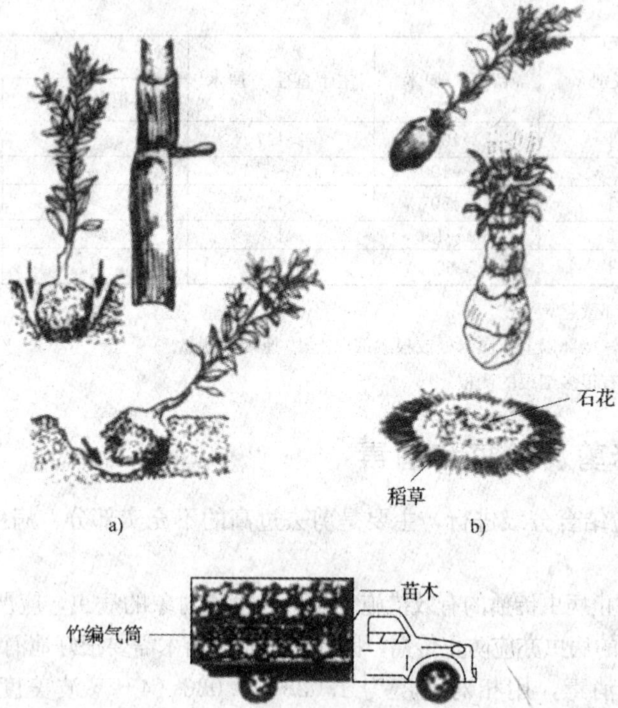

图 1—14　苗木出圃
a）掘苗　b）苗木包捆

三、苗木分级

苗木分级是圃内最后的选择工作，与定植后的成活率和果树的生长结果均有密切关系。一定要根据国家及地方的有关统一分级标准，将出圃苗木进行分级。不合格的苗木应列为等外苗，不应出圃，可留在圃内继续培养。

表 1—3　　几种主要果树苗木的出圃规格

种类	级别	苗高①/厘米	主干直径②/厘米	根系③	
				粗根数量/条	粗根长度/厘米
温州蜜柑	1	＞80	＞1.2	3～4	＞17
	2	60～80	1～1.2	3～4	＞13
甜橙	1	＞100	＞1.2	3～4	＞17
	2	80～100	1～1.2	3～4	＞13
梨	1	＞120	＞1.7	3～4	＞20
	2	100～120	1.3～1.7	3～4	＞17
苹果	1	＞110	＞1.5	3～4	＞20
	2	90～110	1.2～1.5	3～4	＞17

续表

种类	级别	苗高①/厘米	主干直径②/厘米	根系③	
				粗根数量/条	粗根长度/厘米
桃	1	>100	>1.7	3～4	>20
	2	80～100	1.3～1.7	3～4	>17
枣（自根苗）	1	>150	>1.0	>5	>20
	2	100～150	1	>5	>15
葡萄	1	>50	>0.35	>3	>10

注：①苗高从根颈部量起。

②主干直径从嫁接部以上3厘米处或根颈部以上10厘米处测量。

③粗根是指带有很多细根的侧根。

四、苗木的修剪、检疫和消毒

苗木的修剪应结合分级进行，主要是剪去过高的不充实部分、病虫枝梢和根系的受伤部分。

苗木检疫是防止病虫传播的有效措施。凡列入检疫对象的病虫，应严格控制不使蔓延，即使是非检疫对象的病虫亦应防止传播。因此，出圃时苗木需要很好地消毒。其方法如下：

单元 1

1. 石硫合剂消毒，用相对密度为1.028～1.036（4～5波美度）的溶液浸苗木10～20分钟，再用清水冲洗根部1次。

2. 波尔多液消毒，用比例为1∶1∶100的药液浸苗木10～20分钟，再用清水冲洗根部1次。

3. 升汞水消毒，用60%浓度的药液浸苗木20分钟，再用水冲洗1～2次。

五、苗木假植、包装和运输

第二年春栽或外运的苗木，分级消毒后需进行假植储藏。在圃内就地开沟，沟深宽各1米，长度以苗木多少而定。假植时将苗木分层斜放沟内，根部盖土浇水，以防漏风。不同品种应分沟假植详加标记，严防混杂。

苗木外运必须妥善包装。包装材料可用稻草包、蒲包、塑料袋等。包前将包装材料充分浸水保持一定的湿度。每50～100株一捆，包好后，标明品种、砧木名称及等级，避免混杂。

单元测试题

一、填空题（请将正确的答案填在横线空白处）

1. 苗圃地规划时一般应包括________和________两部分。

2. 鉴定种子生活力可以采用________、________、________和________等方法。

3. 常见的果树种子的播种方法有________、________和________。

4. 芽接是繁育果苗最常用的方法，具体有________、________和________三种。

5. 嫁接苗是由________和________两部分组成的。

6. 果园苗木繁殖区可以根据所培育的苗木种类分为________、________和________三个培育区。

二、判断题（下列判断正确的请打“√”，错误的打“×”）

1. 嫁接苗是由砧木和接穗两部分组成的，砧木的某些性状和特性，如生长势及对寒、旱、涝、盐碱和某些病虫害等的抵抗能力，都会影响到果树的生长，但是对地上部的结果习性不会有影响。（　　）

2. 果树挖苗时期一般在春季，挖出后直接销售，可以减少挖苗次数，伤根少。（　　）

3. 果树苗木检疫是防止病虫传播的有效措施，不仅是列入检疫对象的病虫要严格控制不使蔓延，即使是非检疫对象的病虫亦应防止传播。（　　）

4. 一般情况下，嫁接的中间砧影响效果与其长度成正相关。（　　）

三、单项选择题（下列每题的选项中，只有1个是正确的，请将其代号填在横线空白处）

1. ________是最常用的一种促进春播种子后熟的方法。

A. 激素处理　B. 温水浸泡　C. 层积处理　D. 自然晾干

2. 在果树嫁接时，除嫁接亲和性外，________是嫁接成活的关键。

A. 有无伤流及单宁物质　B. 切面平滑，形成层相互密接

C. 愈合组织产生的快慢　D. 嫁接时的接口湿度

3. 砧木和接穗品种的嫁接不亲和问题，可以通过________来解决。

A. 提高嫁接技术　B. 采用中间砧

C. 选择适当的嫁接方法　D. 使用生长调节剂

四、多项选择题（下列每题的选项中，至少有2项是正确的，请将其代号填在横线空白处）

1. 建立果树苗圃，确定苗圃地时，应注意的事项包括________。

A. 地点应设在需要苗木地区的中心一带

B. 地势应选择背风向阳、日照好、稍有坡度的倾斜地

C. 以沙壤土和轻黏壤土为好

D. 大多数果树以中性或微酸性土壤为好

E. 应该选择肥沃的平地，苗木生长旺盛

F. 果树苗期根系较浅，地下水位不应超过1.5米

2. 苗圃地规划时一般应包括________部分。

A. 母本园　B. 繁殖区　C. 品种示范区

单元 1

D. 排灌系统　E. 防护林　　F. 道路

3. 实生苗的管理要点包括________。

A. 中耕除草，减少蒸发，提高地温，促进植株生长健壮

B. 尽量早间苗

C. 尽量晚定植幼苗

D. 在实生苗生长季后期尤其是 9 月上旬以后应加强肥水，促进苗木生长

E. 在生长后期应控制肥水，及时使实生苗停止生长，必要时进行摘心，以减少营养消耗

F. 及时防治苗期病虫害

4. 砧木与接穗间的相互影响，包括________。

A. 乔化砧木可以使嫁接树的树体长得高大，矮化砧可以使树体长得矮小

B. 砧木对嫁接树的物候期如萌芽期、开花期、落叶期等都有明显影响

C. 嫁接在具有矮化性状砧木上的果树结果早，接在乔化砧上的则迟；一般矮化砧木可使果实提早成熟，着色较好

D. 一般情况下，乔化砧寿命长，矮化砧寿命短

E. 接穗对砧木根系的生长有一定的影响，接穗不同砧木所受的影响亦不同

F. 中间砧可以影响砧木根系生长的大小，而对根的形态特征没有影响

5. 果树常用的枝接方式有________。

A. 插皮接（皮下接）　　B. 套芽接　　C. 切接

D. 嵌芽接　　　　　　　E. 劈接　　　F. 舌接

五、简答题

1. 什么是实生苗？它有什么特点？
2. 如何进行果树种子的层积处理？
3. 什么是嫁接及嫁接苗？嫁接苗有什么特点？
4. 影响砧木接穗结合与嫁接成活的因素有哪些？
5. 嫁接苗的管理应该注意哪些事项？
6. 果树苗木出圃前应做哪些准备工作？

六、计算题

某农场计划发展苹果 300 亩，每亩 120 棵，先培育海棠砧木，已知海棠果种子 50 000粒/千克，海棠果种子纯度为 80%，发芽率为 60%，需购买多少海棠种子？

七、技能题

嫁接技术

【操作准备】带三个以上芽的接穗（5 段），5 厘米以上砧木（5 段），嫁接刀，修枝剪，塑料条。

【操作要求】 至少采用两种以上方法嫁接5个芽（或枝）。

【操作时限】 10分钟以内必须完成。

【配分及评分标准】

10分钟以内采用两种以上方法嫁接5个芽（或枝）为满分10分，每少完成1个减2分；10分钟以内仅采用一种方法嫁接5个芽（或枝）得7分，每少完成1个减1.5分。

单元测试题答案

一、填空题

1. 母本园采穗圃　繁殖区
2. 外部形态目测法　浸种目测法　染色法　发芽试验
3. 条播　点播　撒播
4. T形芽接(盾状芽接)　套芽接　嵌芽接
5. 砧木　接穗
6. 实生苗培育区　自根苗培育区　嫁接苗培育区

二、判断题

1. ×　2. ×　3. √　4. √

三、单项选择题

1. C　2. B　3. B

四、多项选择题

1. ABCD　2. ABDEF　3. ABCEF　4. ABCDEF　5. ACEF

五、简答题

略。

六、计算题

根据每公顷播种量＝每公顷计划育苗数量/（每千克种子粒数×种子纯洁率×种子发芽率）推算：

需要种子量（千克）＝300×120/（50 000×80%×60%）

＝36 000/24 000

＝1.5（千克）

答：需购买1.5千克海棠种子。

七、技能题

略。

单元 1

第2单元

果树建园

第一节　品种选择与配置

培训目标

→ 能够进行建园树种、品种的选择
→ 能够掌握建园树种、品种的配置

一、树种、品种选择的依据

在具体制定一个地区树种（果树种类）、品种的发展规划，或是一个新建果园的树种、品种规划时，当地的气候土壤环境条件与当地果树栽培的历史和现状及有无野生果树和近缘植物生长都可作为参考。但是其中果树种类和品种的生物学特性和当地果园经营的方针和任务，应当作为树种、品种选择的主要依据。

1. 树种和品种的生物学特性

若果树品种的生物学特性与所栽植的环境条件之间矛盾越大，则该种果树在当地栽植的价值越小。选择当地原产，或已经试种成功，有较长的栽培历史，经济性状较佳的果树种类和品种，就地繁殖和推广，是最稳妥的途径。因为这些种类和品种的生物学特性与当地环境条件没有大的矛盾，果树生长发育正常，花期整齐，坐果率高，能够忍受当地环境条件诸项因子的变化。但是，一种果树，一个品种，不能满足当地市场周年供应的需要和外销及加工等用途，因此，各地势必引用外地种类和品种进行栽植。自外地引进新的种类和品种时，必须了解该品种的生物学特性和对环境条件的要求。根据其要求与客观环境相互对照，具体分析，才不致因盲目引种造成经济上的损失。

2. 果园经营的方针和任务

根据果树种类和品种的生物学特性对环境条件的要求来研究，一个地区可能适合于发展多种果树。但由于果园的规模有大小，距城市有远近，国家对果树发展的种类各有要求，则果园经营的方针任务也应当作为选择树种品种的依据。对果实品质的要求也往往由于经营的目的和用途而不同。

距城镇较近的果园应以为城市周年供应鲜果为目的，适当考虑树种、品种的多样化，既可满足市场周年供应的要求，也可调节果园的劳动力。但种类和品种的多样化，并不是要求将各种果树都在一个果园内栽种。一园多种的作法，不符合经济原则。一个果园，可以采用 1～2 个树种为主，其余为辅。在一个主要树种中，还应选择早、中、晚熟的品种栽植，以延长鲜果的供应期。品种单一，在生产任务忙的季节，劳动力过分紧张，各项管理技术不易全面贯彻，尤以采收和运销工作不及时，常常造成巨大损失。

在以供应城市鲜果为任务的果园，还应特别注意当地水果的淡旺季节在常年发生的时间，选栽成熟期适当的树种品种，以解决淡季供应问题。

在距离城市较远的地区建立果园，必须选择耐储藏运输的梨、苹果、石榴、柑橘等。在山区交通不便的地带，应多种柿、枣、栗及核桃、山楂等果树，既经济利用山地，又方便运输储藏。

接近加工厂的果园，应根据任务来选栽适于加工的种类和品种。有外销任务的产区，则应根据国际市场销售对象所要求的种类和品种，进行栽培，建立外销基地。对结果年龄迟的树种必须采取以短养长的措施，选栽一部分结果比较早的树种，例如葡萄、桃、菠萝等，使果园早 3～5 年投产，早获收益。

二、果树种类和品种的配置

果园的地理环境条件越单纯，果树种和品种的配置越容易。相反，果园的地形地貌越复杂，树种、品种的配置越困难。在地貌复杂地区建立企业性大果园时，树种、品种易单一化。但我国幅员广大，一个地方果树的具体配置方案不足以概括全国情况。原则上配置树种、品种要因地制宜。在同一地点，由于地形、土壤和小气候的不同，应注意配置与之相适应的树种。

一般柑橘类、仁果类宜配置在肥水条件比较良好的地段上，而核桃、葡萄、杏、枣等，则可配置在砾质和较干燥的地段上。

在南方海拔不很高的山地，下部可配置柑橘、枇杷、梨、柿等，中部可配置桃、李、梨等，上部可配置板栗、枣等。在山地为了延长供应时期，也可将同种果树栽在不同的高度上，使成熟有先有后，以延长市场供应期。

在南坡上，通常可以栽植比较喜光的核果类。在砾层分布不深的土壤中种植杏、桃比较合适。在容易遭受大风的地区，不适于栽植仁果类。在沙荒地种梨，以杜梨作为砧木最好；水田种蕉柑，以酸橘作为砧木为佳；在盐碱土中，可以种葡萄和梨。

在配置果树种类和品种时，也应该考虑到果园组织上和经济上的因素。在同一小区内，最好配置一种果树，由于它们对生长条件的要求相近似，可便于在一个小区内采用相同的管理，这不论在劳动的组织上或技术上都较经济。在同一果园内栽培几个品种时，最好选择成熟期相同的品种或成熟期相衔接的品种，以便于同时或先后相继进行采收，管理较为方便。

三、授粉树的选择和配置

1. 需要配置授粉树的果树

许多果树如梨、苹果、李、柚等，有自花不实现象，即使能自花结实，结果率也很低。雌雄异株的果树，如杨梅、猕猴桃、银杏、香榧等，必须在果园中配置雄株才能结实。有些果树如柑橘、桃、龙眼、荔枝、枇杷等能自花授粉结实，但如异花授粉，产量可以显著提高。

2. 授粉树要具备的条件

(1) 能与主要品种同时开花，且能大量产生发芽率高的花粉。

(2) 与主要品种同时进入结果期，且寿命长短相近，每年都能开花。

(3) 与主要品种无杂交不孕现象，且能产生经济价值较高的果实。

(4) 最好与主要品种能相互授粉且果实成熟期相同，或先后衔接。

3. 授粉效率

授粉树影响的范围依距离远近而有所不同，一般与主要品种越近则授粉效果越佳。果树一般靠蜜蜂传粉，根据对蜜蜂在果园中活动范围的观察研究，认为授粉树品种与主要品种间的距离不应超过 60 米。

4. 授粉树的栽植方式（见图 2—1）

图 2—1 果树授粉树的配置方式

● 授粉品种 ⊙ 主栽品种

a）中心式 b）行列式 c）等高栽植

授粉树在果园中配置的方式很多，在小型果园中果树作正方形栽植时，常用中心式栽植，即 1 株授粉品种周围栽 8 株主要品种。在大型果园中配置授粉树，应当沿着小区的长边方向按行列式整行地栽植。授粉树间的距离，仁果类应该相隔 4～8 行，核果类相隔 3～7 行。在生长条件不很适合的情况下，例如花期常有大风危害的地方，尤其是在高位山带，授粉树和授粉树间隔的行数最好少些；而在该果树的生态最适带，特别是栽植能自花结实的品种，授粉树间隔的行数可以更多些。在梯田化的坡地，可按梯田行向，间隔 3～4 行栽植一行授粉品种。

当授粉品种与主要品种经济价值相同时，可采取等量式配置，但要开花期相同，对授粉才较为有利。

对于杨梅、银杏、香榧等雌雄异株的果树，雄株花粉量大，靠风传播。因此，雄株可以作为果园边界树少量配置。

此外，有些果树品种在某些地区是自花结实的，而在另一些地区，往往又是自花不实的。外界环境条件越是适于该品种生长，自花结实性越能表现出来。以前，在辽宁部分地区单栽国光苹果一个品种，盛果期产量很高，但后来却需要进行人工授粉，否则产量不丰。由此可见，自花结实品种也应以配置授粉品种为宜。

第二节　果树栽植

培训目标
- 能够确立各类果树的栽植密度
- 能够熟练掌握果树定植的全部技术环节

单元 2

一、果树栽植的密度

1. 合理密植的优点

（1）提高单位面积产量。绿色植物获得高产的基本条件是最大限度地利用光能，合理密植可以增加单位面积上的叶片数量，有效地利用光能，故可提高产量。

（2）扩大营养面积。密植不仅能在单位面积上增加根量，而且还可使根系深入土层，吸收土壤深层的养分。

（3）提高水分养分运输效率。合理密植，果冠相应减小，缩短了根和叶片的距离，便于水分、养分的运输。

（4）减少风害、旱害、冻害及日烧。适当密植会给果树的生长创造有利的环境条件，使果树生长发育得更好。

（5）有利于幼龄果园早期丰产。

2. 影响栽植密度的因素

（1）不同树种、品种在盛果期树冠大小不同，应根据树种、品种的生长特性，确定栽植密度。

（2）砧木种类不同，直接影响着树冠的大小，应以不同的砧木种类决定密度。

（3）气候土壤条件不同，影响了果树植株的长势，因而同一树种、品种，也要根据栽植地的气候、土壤条件差异，考虑密度的大小。

（4）整形修剪不同，密度也应不一样。

（5）管理水平、机械化程度。管理水平高者可适当密植，但密植必须考虑便于机械化作业。

表 2—1　　主要果树常规栽植密度

果树种类	行距×株距/（米×米）	每亩植株数量/株	果树种类	行距×株距/（米×米）	每亩植株数量/株
李	（4～4.5）×（3.5～4）	37～48	柿	（6～7）×（5～6）	16～22
梅	（4～4.5）×（3.5～4）	37～48	核桃	（6～7）×（5～6）	16～22

续表

果树种类	行距×株距/（米×米）	每亩植株数量/株	果树种类	行距×株距/（米×米）	每亩植株数量/株
枣	（5～5.5）×（4～5）	24～33	板栗	（6～7）×（5～6）	16～22
梨	（4.5～5）×（4～4.5）	30～37	葡萄	（2～3）×（1.5～2）	111～222
桃	（4.5～5）×（4～4.5）	30～37	猕猴桃	（2.5～3）×（2～2.5）	90～133

二、果树栽植方式

果树栽植方式即栽植点的布置形式。果树栽植的主要方式有以下几种：

1. 正方形栽植

株行距相等，便于纵横耕作，但盛果期果园内通风透光不良，如图 2—2 所示。

2. 长方形栽植

行距大，株间密，果树行内形成较强大的果树群体，有利于提高果树抗性，并有利于通风透光，便于耕作和管理，是常用的栽植方式，如图 2—3 所示。

3. 三角形栽植

行距相同的情况下，可比方形的密度大，但不利于纵横耕作，如图 2—4 所示。

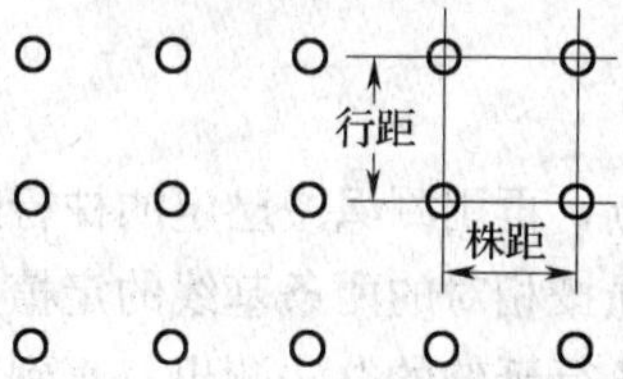

图 2—2　正方形栽植

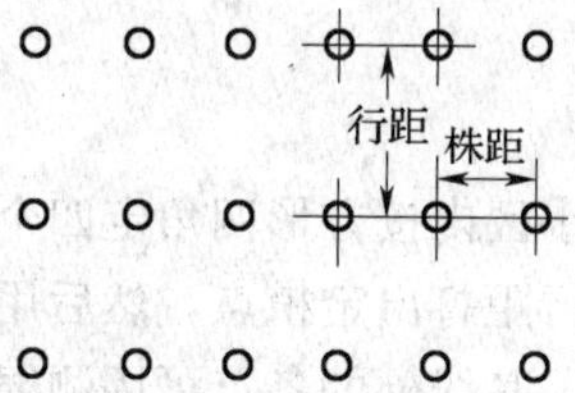

图 2—3　长方形栽植

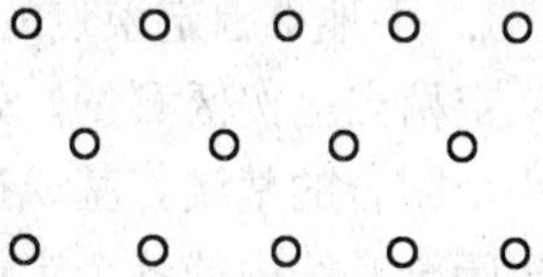

图 2—4　三角形栽植

4. 丛植

在一个栽植点上栽植两株以上，形成小的群体，有利于提高果树抗性，尤其在北部干寒地带，丛植果树可提高果树抗寒越冬能力。

5. 等高栽植

随等高线走向栽植成行，有利于保持水土。

6. 计划密植

建园时除栽植永久留用的植株以外，在其株、行间有计划地栽植短期利用的逐步间伐的加密果树。这种方式的栽植密度逐渐减小，果树的生长较均匀，土地利用率与光能利用率较理想，果园的产量较稳定，如图 2—5 所示。

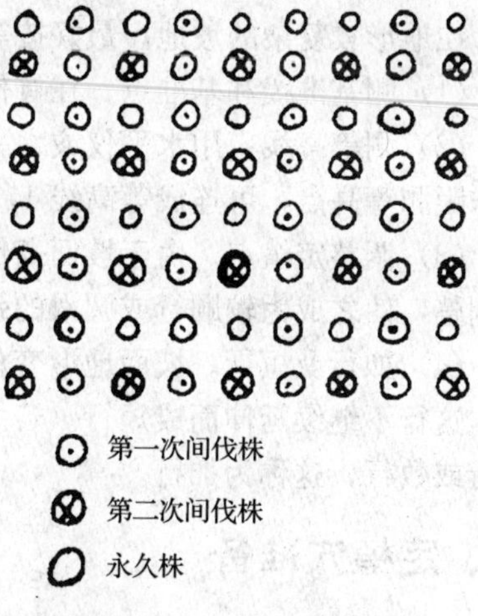

图 2—5　计划密植

三、果树栽植时期

1. 休眠期栽植

休眠期的果树蒸腾量最小，抗逆性强，栽植时期长，苗木运输条件简便，并且便于劳力、物力的调配。通常落叶性果树是在落叶以后萌芽以前栽植较好。在北方宜于早春萌动前栽植，以利于根系伤口愈合和新根的生长。在冬季不十分寒冷的地区，土壤墒情较好或有灌溉条件的果园宜在晚秋栽植，但不宜栽得过晚，否则会失去秋栽的优越性。

2. 生长期栽植

此期，枝叶正在生长，气温较高，苗木运输过程中要保持较低的温度、较高的湿度，栽植时必须及时满足供水，否则不易成活。

栽植时期的关键在于土壤水分状况，土壤供水充足，全年可栽。但大面积的生产果园仍以果树休眠期栽植为宜。

四、定植点的测量

无论是哪种类型的果园，在定植前，都需要根据规划的栽植方式和株行距进行测量，标定定植点，并按点栽植。

1. 平地果园定植点的测量

定植点应按区测量。先在小区内按方形四角定四个基点，再用测绳按已定的株行距打一个闭合的基线，基线按株行距打出定植点，然后用测绳按相对的两条基线的定植点测出闭合基线内的各个定植点，基线外的各点可用测绳按各行延伸的办法测出，直到小区内定植点全部测完。

2. 山地果园定植点的测量

在地形较复杂的坡地，最好按等高栽植。等高线栽植点的测量步骤如下：

（1）测基准线和基准点。在有代表性的坡面上测定基准线 A，并以行距定基准点。

（2）测等高线。用水平仪或水平管通过各基点 a_1，a_2，a_3，…，a_n，逐点向其左右按株距测等高点，可连成等高线 1，2，…，n。

（3）调整定植点。由于坡面高低不平，初测的等高点多成不规则的折线，需上下适当调整，使之成为较顺行或圆滑的弧线，这样可便于修筑梯田和田间管理。

（4）加行及短行。坡面地形变化大时，等高线之间的距离不尽相等，不足一个行距者，这行不继续延伸而成短行。若大于两个或数个行距时则可在原测定的等高线之间加一行或数行，这称为加行。

五、定植穴准备

定植穴是果树根系最初生存的基本环境，它关系到果树栽植的成活，也关系到以后果树根系的发育，是果树早结果、早丰产的关键措施之一。因此，必须保证定植穴的质量，在黏重土或含石量大的土壤情况下，尤为重要。

定植穴的口径应上下一致，直径和深度通常为80～100厘米。浅根性的果树穴可浅些，深根者宜深；土层深厚、土质疏松者可浅些，而下层有胶泥层、石块多或土壤板结者应深一些。定植穴的准备，实际上是果园土壤的局部改良，因此，越是土壤条件差，定植穴的大小、质量要求应越严格，尤其是深度必须达到要求。

挖穴时应以定植点为中心，不可偏移，穴土应按表土、底土分别堆放在穴的两侧。挖穴的时间尽量提前，以便穴土充分晾晒、熟化，并能积蓄较多的雨雪，提高土壤墒情。春栽则秋挖，秋栽则夏挖。但在干旱缺水地区，先挖穴易跑墒，不如边挖边栽能抢墒、保墒，定植也易成活。

填穴应先填表土，后填心土，基肥与土充分掺匀施入穴中。边填边踏紧，并覆盖一层无肥料的土壤，灌足水使松土落实，以免栽后苗木随土下陷，使栽植过深。

六、果树栽培技术

1. 苗木准备

苗木按质量分级，要剔除弱苗、病苗、杂苗并进行苗木修剪，剪除根蘖和折伤的枝、根及枯桩、死枝等。修剪后的苗木，可用相对密度为1.021～1.036（3～5波美度）的石硫合剂全株喷布，或用0.1%升汞液（氯化汞）浸泡10分钟进行消毒，然后用清水冲洗。

果树栽前还要用泥浆沾根保湿（有利于根系与土壤密接，此方法可有效地提高定植成活率），然后按品种配置，将苗木按品种分级分发到每个定植穴边（以免苗木品种混淆），并用湿土把根埋好待用。

2. 果树栽植（见图2—6）

在已经挖好并回土、灌水、落实的定植穴中部，再挖一小穴，在中间堆一小土堆，把树苗置于小土堆上，前后左右对直，使根系舒展，并均匀分布四周，避免根系相互交叉、盘结。然后将苗木扶正，纵横对准再填土，要注意边填土边踏、边提苗，并轻轻抖动苗木，使根系与土壤密接。栽植后通常使苗木原有地面痕迹与地面相平，过高或过低均不适宜栽植。然后，平地、作畦、灌浅水，待水渗透，土壤稍干，扶正苗并培小土堆，目的在于保湿、防风。北方秋季定植的，要将苗木弯倒完全埋入土中，以免越冬“抽条”。

3. 各地栽植经验

（1）旱栽法。此法多用于水源缺乏地区。其特点是栽树不浇水，选在土壤墒情好时栽植。旱栽的关键在于抓墒情，必须做到苗木能随挖随栽、快挖快栽以保湿。土填埋并

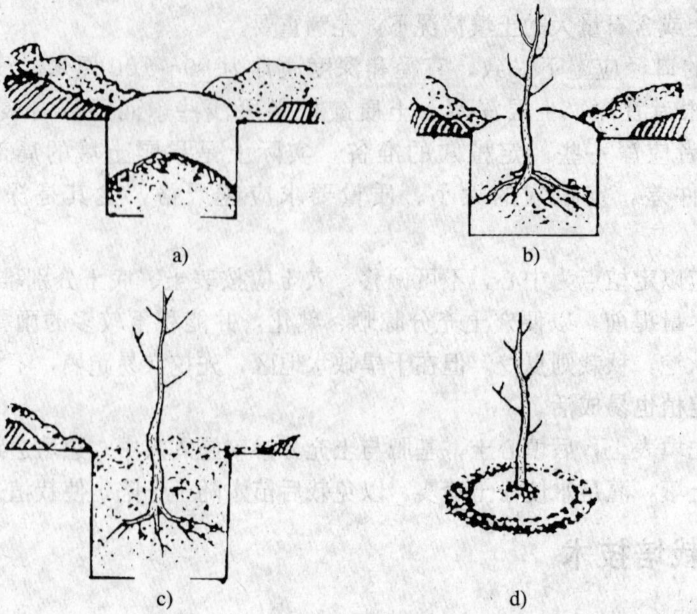

图 2—6　栽植方法

a）填入表土　b）放入树苗　c）填土　d）围树培土埂

且要踩实。晚秋栽者，栽后随即埋土越冬，翌年苗木出土后仍应注意加强土壤保墒措施，如根际铺塑料薄膜，盖草或压石，尤其是山地果园缺水，更需采用保墒措施，才可有效地提高成活率。

（2）深坑浅埋法。其特点是苗木栽得深，但埋土浅，栽后定植穴仍保留 20～25 厘米的深坑。这种做法既不因深栽影响果树生长，还有利于积蓄雨雪，同时在距坑沿10～15 厘米的西北面修筑挡风埂，可有效地提高坑内土温，有利于果树生长和安全越冬。此法较适用于多风干旱地区。

（3）低畦高埂躲盐栽植法。此法适用于含盐量较高的土壤。主要特点是果树定植在高埂低畦内，此法是利用了土壤积盐规律（即“盐随水来，水随气散，气散盐存”的积盐过程）进行局部躲盐的措施，使畦内、穴内（根际附近）土松，土壤毛管被切断，避免地下水上升到根层，而踏实的畦埂毛管丰富，地下水可源源不断地上升到高埂上，土壤盐也随即积存在畦埂上，使果树根系躲过了土壤盐分的危害。

（4）坐地苗建园。按栽植点先直接播种砧木种子或栽植砧木苗，然后再嫁接。此法成活率高，苗木成本低，高接者还可提高抗寒力，因而是建立抗寒果园的有效方法，也是干旱地区提高栽植成活率的有效措施。

第三节 栽植后的管理

培训目标

→ 能够掌握果园栽植后的管理技术

实践证明栽植后2～3年内的管理水平对于保证果树的成活和早结果、早丰产都非常重要，不可轻视。

一、幼树定干、除萌蘖

当幼树栽植完成之后，应按整形要求及时定干。稀植苹果、梨树定干高度一般为80～100厘米（包括整形带20厘米），桃树定干高度为40～60厘米（包括整形带15～20厘米）。密植树的整形定干也应根据整形需要确定，当幼树萌芽并抽出幼梢之后，要将树干基部离地30厘米之内的萌芽抹除，以便集中养分，供上部枝梢健壮生长。

二、检查成活及补栽

春季，幼树发芽展叶后应进行成活情况的检查，统计成活率，找出死树数量及死树原因，并及时进行补栽。补栽时注意务必使之与原行品种相一致，否则会给以后的管理带来不便。

三、追肥灌水

定植当年，在幼树旺长期，最好在树盘内追施1～2次速效性肥料，以助苗木恢复生长，但不宜施肥过多。用肥种类依据果树的需要决定。我国北方多春、夏干旱，除定植时灌水外，应根据情况及时灌水，保证土壤有充足的水分，满足果树生长的需要。

四、其他管理

注意防治病虫危害，保证幼树健壮生长。树盘内及时中耕，不可形成草荒。间作物宜用低秆豆科作物，以利通风透光，且与幼树保持一定距离，以免争夺肥水影响幼树生长发育。落叶后幼树干涂白，以防发生冻害。

五、防止幼树发生抽条

北方幼树越冬常发生因冻旱而抽条的现象。一二年生幼枝可全株埋土越冬，效果最好。稍大的树，不便于埋土者，可在栽植穴的北侧，垒半圆形的土梗（高约30厘米），或在幼树周围地面铺1平方米的塑料薄膜，以提高根际土温。秋后注意防除大青叶蝉（大绿浮尘子）的危害。为防止加重抽条，2—3月间，树体可喷羧甲基纤维素2～3次。这些措施均可有效地防止幼树抽条。

单元测试题

一、填空题（请将正确的答案填在横线空白处）

1. 新建果园的树种品种规划时，________和________应当作为树种品种选择的主要依据。

2. 果树栽植时期可以分为________和________，通常落叶性果树在________栽植较好。

3. 授粉树在果园中配置的方式很多，在小型果园中授粉树常用________栽植，而在大型果园中配置授粉树常采用________，在梯田化的坡地则采用________。

二、判断题（下列判断正确的请打"√"，错误的打"×"）

1. 一般苹果、梨类宜配置在肥水条件比较良好的地段上，而葡萄、杏等则可配置在砾质和较干燥的地段上。（　）

2. 挖穴时穴土应按表土、底土分别堆放在穴的两侧，填穴应按顺序先填心土，后填表土。（　）

3. 幼树栽植完成之后，要及时定干，同一树种不管是稀植还是密植定干高度是一致的。（　）

三、单项选择题（下列每题的选项中，只有1个是正确的，请将其代号填在横线空白处）

1. 在一些多风干旱地区，为了提高果树根际土温，利于果树安全越冬，常采用的栽植方法是________。

A. 旱栽法　B. 低畦高埂躲盐栽植法　C. 深坑浅埋法　D. 坐地苗建园

2. 大面积地建立生产果园时，以果树________栽植为宜。

A. 萌芽期　B. 生长期　C. 休眠期　D. 采收后

3. 为提高栽植成活率，可按栽植点先直接播种砧木种子或栽植砧木苗，然后再嫁接，这属于________。

A. 坐地苗建园　B. 自根苗建园　C. 实生苗建园　D. 扦插苗建园

四、多项选择题（下列每题的选项中，至少有2项是正确的，请将其代号填在横线空白处）

1. 新建果园的树种品种规划时，应该考虑________。

A. 种类和品种多样化，要求将多种果树都在一个果园内栽种
B. 一园多种的作法，不符合经济原则。一个果园，可以采用1～2种树种为主，其余为辅
C. 在一个主要树种中，还应选择早、中、晚熟的品种栽植，以延长鲜果的供应期
D. 选择当地原产，或已经试种成功，经济性状较佳的果树种类和品种繁殖和推广
E. 距离城市较远的地区建立的果园，必须选择耐储藏运输的果树种类和品种
F. 自外地引进新的种类和品种时，该品种的生物学特性必须完全满足当地环境条件的要求

2. 合适的授粉树要具备的条件有________。
A. 最好能自花不实，或者即使能自花结实，但结果率很低，不会与主栽品种竞争营养
B. 与主要品种同时进入结果期，且寿命长短相近，每年都能开花
C. 与主要品种无杂交不孕现象，且能产生经济价值较高的果实
D. 最好与主要品种能相互授粉且果实成熟期相同，或先后衔接
E. 最好能比主要品种先开花，而且比主要品种果实成熟期提前
F. 能与主要品种同时开花，且能产生大量发芽率高的花粉

3. 下列果树中需要配置授粉树的种类有________。
A. 葡萄　B. 梨、苹果　C. 李
D. 猕猴桃　E. 枣　F. 杏

4. 果树密植的优点有________。
A. 合理密植能有效充分地利用土地
B. 合理密植可以增加单位面积上的叶片数量，有效地利用光能，故可提高产量
C. 密植能在单位面积上增加根量，可使根系深入土层，吸收土壤深层的养分
D. 方便管理，便于操作
E. 合理密植，果冠相应减小，缩短了根和叶片的距离，便于水、养分的运输
F. 有利于幼龄果园早期丰产

5. 要提高产量需配置授粉树的果树类型有________。
A. 自花不实类型　B. 雌雄同株类型　C. 自花授粉结实率低的类型
D. 雌雄异株类型　E. 自由授粉植物　F. 完全自花授粉植物

五、简答题

1. 影响果园栽植密度的因素有哪些？
2. 果树栽植的主要方式有哪些？

3. 新建果园的果树栽植技术要点包括什么？
4. 栽植后的管理要点有哪些？
5. 如何克服北方幼龄果树因冻旱而抽条的现象？

单元测试题答案

一、填空题

1. 果树种类、品种的生物学特性　当地果园经营的方针和任务
2. 休眠期栽植　生长期栽植　休眠期栽植
3. 中心式　行列式　等高栽植

二、判断题

1. √　2. ×　3. ×

三、单项选择题

1. C　2. C　3. A

四、多项选择题

1. BCDE　2. BCDF　3. BCDF　4. BCEF　5. ACD

五、简答题

略。

第3单元

果园土肥水管理与树体保护

第一节　土壤管理

培训目标

→ 能够熟练掌握常规土壤管理技术
→ 能够掌握瘠薄土壤和盐碱地土壤改良技术

一、土壤改良

1. 深翻改良土壤

合理深翻，能使土壤熟化、疏松多孔，增加土壤的透气性，有利于根系向垂直和水平方向生长，扩大根系的吸收面积，增加土壤保蓄水分的能力。

（1）深翻时期。一般来说，果园深翻四季均可，应根据果园具体情况适时进行。

1）秋季深翻。通常在果实采收前后结合秋施基肥进行。此时树体地上部分生长较慢或基本停止，养分开始回流和积累，又值根系再次生长高峰，根系伤口易愈合，易发新根；深翻结合灌水使土粒与根系迅速密接，有利于根系生长；深翻还有利于土壤风化和积雪保墒。因此，秋季是果园深翻较好的时期。但在干旱无浇水条件的地区，根系易受旱、冻害，地上枝芽易枯干，此种情况不宜进行秋季深翻。

2）春季深翻。应在土壤解冻后及早进行。此时地上部分尚处于休眠状态，而根系刚开始活动，深翻后伤根易愈合和再生。从土壤水分季节变化规律看，春季化冻后，土壤水分向上移动，土质疏松，操作省工。我国北方多春旱，翻后需及时浇水，早春多风地区，蒸发量大，深翻过程中应及时覆土，保护根系。风大干旱缺水和寒冷地区，不宜春季深翻。

3）夏季深翻。最好在根系前期生长高峰过后，雨季来临前后进行。此时深翻后的降雨可使土粒与根系密接，不致发生吊根或失水现象。夏季深翻伤根易愈合，但如果伤根过多，易引起落果。结果期大树不宜在夏季深翻。

4）冬季深翻。宜入冬后至土壤封冻前进行。冬季深翻后要及时填土，以防冻根；如墒情不好，应及时灌水，防止露风伤根；如果冬季雨雪稀少，翌年宜及时春灌。北方寒冷地区多不宜冬季深翻。

（2）深翻深度。以比果树根系集中分布层稍深为度，且还应考虑土壤结构、质地、树龄等。如山地土层薄，下部为半风化的岩石，或耕层下有砾石层或黏土层，深翻一般为 80～100 厘米；如果土层深厚，或为沙质壤土，则深度可适当浅些。

（3）深翻方式

1）深翻扩穴。幼树定植几年后，每年或隔年向外深翻扩大栽植穴，直到全园株行间全部翻遍为止。这种方式用工量较少，深翻的范围小，但需 3～4 次才能完成全园深翻，且伤根较多。

2）隔行深翻。即隔 1 行深翻 1 行，分 2 次完成，每次只伤一侧根系，对果树影响较小，这种行间深翻便于机械作业。

3）对边深翻。自定植穴边缘起，逐年以相对两面轮流向外扩展深翻，直至全园翻完。此种方式伤根较少，对果树影响小，用工量少，适于劳动力不足情况下的果园深翻。

4）全园深翻。将栽植穴以外的土壤 1 次深翻完毕。全园深翻范围大，只伤 1 次根，翻后便于平整园地和耕作，但用工量多。

（4）深翻注意事项

1）深翻与施肥、灌水相结合，果园单纯深翻效果较差，必须结合有机肥料的施用，以增加土壤腐殖质，促进团粒结构的形成，变生土为熟土。在墒情不好的干旱地区，深翻一定要结合灌水，防止旱、冻、吊根等现象的发生。

2）深翻时表土与底土分别堆放，表土回填时应填在根系分布层。有黏土层的沙土深翻要打破黏土层，并把沙土和黏土拌均匀后回填。

3）尽量少伤根、断根，特别是直径 1 厘米以上的较粗大的根，不可断根过多，对断根（粗大根）宜剪平断口，回填后要浇水，使根与土密接。

4）深翻方式视果树具体情况而定，小树、幼树根系少，一次深翻伤根不多，影响不大，成年树、大树根系分布范围大，以采用隔行或对边开沟方式较为适合。

5）山地果园深翻要注意保持水土，沙地果园要注意防风固沙。

2. 土质改良

果树栽植区不少为山地、丘陵、河滩、沙地，土层浅薄，有机质含量低，保肥蓄水力差；有的土壤过黏或过沙，需要采取人为措施加以改良，目前常用的方法有客土法和增施有机肥法等。

（1）客土法。搬运别处的土壤（客土）掺和在过沙或过黏的土壤（本土）中，使之相互混合，以改良本土质地的方法。

1）培土（压土）。培土可增加土层厚度，保护根系，减少冻旱危害；沙碱地培土后还可防止土壤返碱。操作时可将土块均匀撒布全园，经晾晒后打碎，通过耕作使培土与本土混合。培土量视植株大小、土源、劳力等条件而定。梯田果园结合整修地堰，集中别处客土；散生树要先修树盘，将盘外土搜集到盘中。培土时一般掌握在 5～10 厘米为宜。若培土过厚，会抑制果树根系活动，导致根颈腐烂，树势衰弱，因此，要扒土露出根颈。

2）客土整地和栽植。客土整地是定植前将黏（沙）土运入沙（黏）土地，撒匀后深翻，使黏土与沙土混合。客土栽植是将定植穴挖出的土与客土混合回填后栽植。客土扩穴是结合深翻扩穴，把沙（黏）土挖出换入好土或掺黏（沙）土后回填，直到全园完成。操作时要使客土与本土混合均匀，切忌黏压沙，黏土会在表面形成板结层，使土壤透性恶化，影响根系生长。

（2）增施有机肥。通过施用大量有机肥，提高土壤中的有机质含量，改善土壤结构和质地。因为土壤有机质的黏结力比沙粒强，比黏粒弱。增加有机质含量，对沙质土来说，可使土粒比较容易黏结成小土团，从而改变了原先松散的不良状况；对于黏质土，可使黏结的大土块易于碎裂成大小适中的土团。

3. 盐碱地果园土壤改良

（1）修建排灌设施。盐碱地改良的主要措施就是洗盐，应设置健全的排灌系统，使之汛期不湿涝，干旱季节不返盐。

（2）深施有机肥。有机肥含有机酸，与碱起中和作用，有机质促进土壤团粒结构形成，提高土壤肥力，减少蒸发，防止返碱。

（3）地面覆盖。地面铺沙、盖草或其他覆被物，可起到保墒、防止盐碱上升的作用。

（4）淤灌改良。用含有大量泥沙的河水灌溉田地，淤泥沙覆盖地面，改碱效果好，速度快，投资少。

（5）营造防护林和种植绿肥作物。防护林可以降低风速，绿肥枝叶可以覆盖地面，均可减少地面蒸发，防止盐碱上升。

（6）中耕、施用石膏。中耕减少蒸发，防止返盐；施用石膏对碱土有中和改良作用。

4. 应用土壤改良剂

土壤改良剂是根据团粒结构形成的原理，以植物残体、泥炭、褐煤等作为原料，从中提取腐殖酸、纤维素、木质素、多糖羰酸类等物质，作为团聚土粒的胶结剂（称为天然土壤改良剂），或者模拟天然团粒胶结剂的分子结构和性质所合成的高分子聚合物（称为合成土壤改良剂），土壤改良剂能改良土壤理化性状和生物学活性，显著增加土壤水稳性团粒的数量，防止水土流失，提高土壤透水性，调节土壤酸碱度等。

（1）施用量多以占干土重的百分率表示。一般而言，施用量在0.02%～0.2%。

（2）施用时土壤墒情一般适宜的湿度范围是田间持水量的70%～80%。太湿，聚合物成胶状，难以混合均匀；太干，施入后作用缓慢。

（3）施用方法是将粉剂直接施于表土，也可配成水溶液喷洒园间，然后耙匀。为降低成本，也可集中沟施、条施于果树冠下。

单元 3

二、果园土壤管理制度

1. 幼年果园土壤管理

（1）幼树树盘管理。幼树树盘即树冠投影范围。树盘内的土壤可以采用清耕或清耕覆盖法管理。耕作深度以不伤根系为限。有条件的地区，也可用各种有机物覆盖树盘。覆盖物的厚度，一般在10厘米左右。如用厩肥或泥炭覆盖还可薄一些。为了降低地温，在夏季给果树树盘覆盖，效果较好。沙滩地在树盘培土，既能保墒又能改良土壤结构，减少根际冻害。

（2）果园间作。幼树果园空地较多可间作。果园间作可形成生物群体，群体间可互相依存，还可改善微区气候，有利幼树生长，并可增加收入，提高土地利用率。

合理间作既能充分利用光能，又可增加土壤有机质，改良土壤理化性状。如间作大豆，除收获豆实外，遗留在土壤中的根、叶，每亩地可增加有机质约17.5千克。利用间作物覆盖地面，可抑制杂草生长，减少蒸发和水土流失，还有防风固沙作用，缩小地面温变幅度，改善生态条件，有利于果树的生长发育。

间作物要有利于果树的生长发育，在不影响果树生育的前提下，可大力种植间作物。果园种植间作物，应加强树盘肥水管理。尤其是在作物与果树竞争养分剧烈的时期，要及时施肥灌水。在我国南方，八、九月干旱季节应选种需肥水较少的间作物。

间作物要与果树保持一定距离。尤其是播种多年生牧草，更应注意。因多年生牧草根系强大，应避免其根系与果树根系交叉，加剧争肥争水的矛盾。

间作物植株要矮小，生育期较短，适应性强，与果树需水临界期最好能错开。在北方没有灌溉条件的果园，耗水量多的宽叶作物（如大豆）可适当推迟播种期。间作物应与果树没有共同病虫害，比较耐荫和收获较早等。

为了避免间作物连作所带来的不良影响，需根据各地具体条件制定间作物的轮作制度。轮作制度因地而异，以选中耕作物轮作较好。今举数例供参考。

山西省晋东南地区，多以马铃薯→红薯（甘薯）→谷子→马铃薯轮作为多。辽宁省以绿肥作物、谷子、大豆、甘薯、花生倒茬轮作。

浙江省海涂橘园间作物的轮作形式，第一年：棉花→川豆（蚕豆）。第二年：绿豆、印度豇豆、黄花苜蓿。第一、二年夏季在畦边种1～2行棉花，墩间种绿豆和嵌种印度豇豆。冬季播种川豆套种黄花苜蓿。

2. 成年果园土壤管理

成年果园管理制度有下述几种主要方法：

（1）清耕法（耕后休闲法）。园内不种作物，经常进行耕作，使土壤保持疏松和无杂草状态，故称为清耕法。清耕法一般在秋季深耕，春夏季进行多次中耕，使土壤保持疏松通气，促进微生物繁殖和有机物氧化分解，短期内可显著地增加土壤有机态氮素。

耕锄松土，能起到除草、保肥、保水作用。但长期采用清耕法，土壤有机质迅速减少，还会使土壤结构受到破坏，影响果树的生长发育。

（2）生草法。除树盘外，在果树行间播种禾本科、豆科等草种的土壤管理方法称为生草法。生草法在土壤水分条件较好的果园可以采用。选择优良草种，关键时期补充肥水，刈草覆于地面。在缺乏有机质、土层较深厚、水土易流失的果园，生草法是较好的土壤管理方法。

生草后土壤不进行耕锄，土壤管理较省工。生草可减少土壤冲刷，遗留在土壤中的草根，增加了土壤有机质；改善土壤理化性状，使土壤能保持良好的团粒结构。在雨季草类用掉土壤中过多水、养分，可促进果实成熟和枝条充实，提高果实品质。

生草法果园土壤湿度较清耕园、覆草园均低，即因生草期易与果树争夺水分所致。但发生这种情况，也与草种等条件有关。据英国东茂林试验站观察，雨水可沿禾本科草根和蚯蚓孔道渗透至土壤深层。而清耕法的果园，雨水却不易渗到那样的深度。

长期生草的果园易使表层土板结，影响通气；草根系强大，且在土壤上层分布密度大，截取渗透水分，并消耗表土层氮素，因而导致果树根系上浮，与果树争夺水肥的矛盾加大，因此，要加以控制。据格林罕姆报道，种多年生牧草或长期种覆盖作物是增加土壤有机质的有效方法。果园采用生草法管理，可通过调节割草周期和增施矿质肥料等措施，如一年内割草4～6次，每亩增施5～10千克硫酸铵，并酌情灌水，则可减轻与果树争肥争水的弊病。克拉卜证实，经常割草可使禾本科草类根系显著变浅，利用表层水分。经过13年生草试验证明，果树生长发育正常，产量提高，采前落果减少，果实着色美观。

果园草种有三叶草、紫云英、黄豆、苕子、毛野豌豆、苦豆子、山绿豆、山扁豆、地丁、鸡眼草、草木樨、鹅冠草、酢酱草、黑麦草、野燕麦等。豆科和禾本科混合播种，对改良土壤有良好的作用。选用窄叶草可节省水分，一般在年降雨量500毫米以上，且分布不十分集中的地区，即可试种。在生草管理中，当出现有害草种时，须翻耕重播。

（3）清耕覆盖作物法。在果树需肥水最多的生长前期保持清耕，后期或雨季种植覆盖作物，待覆盖作物成长后，适时翻入土壤作为绿肥，这种方法称为覆盖作物法。这是一种较好的土壤管理方法，兼具清耕与生草法的优点，且减轻了两者的缺点。如清耕可熟化土壤，保蓄水分和养分，供给果树需要，具有清耕土壤管理的优点。后期播种间作物，可吸收利用土壤中过多的水肥，有利果实成熟，提高品质，并可防止水土流失，增加有机质，具有生草法的某些优点。

覆盖作物除具备间作物条件外，还需生长期短，前期生长慢，后期生长快，枝叶繁茂，耕入土中易腐烂分解，对栽培条件无特殊要求和耐荫等。覆盖作物播种期因地而异，夏季多雨地区可采用夏季覆盖作物，冬季气候温和多雨的地区可播种冬季覆盖作物。

（4）覆草法。在树冠下或稍远处覆以杂草、秸秆等。一般覆草厚度约10厘米，覆后逐年腐烂减少，要不断补充新草。平地或山地果园均可采用。

覆草可防止水土流失，抑制杂草生长，减少蒸发，防止返碱，积雪保墒，缩小季节和昼夜地温变化幅度，增加有效态养分和有机质含量；并能防止磷、钾和镁等被土壤固定而成无效态，对团粒结构形成也有显著效果，因而有利于果树的吸收和生长。覆草也有招致虫害和鼠害，使果树根系变浅等不利影响。

（5）免耕法又称为最少耕作法。主要利用除草剂防除杂草，土壤不进行耕作。这种方法具有保持土壤自然结构，节省劳力，降低成本等优点。在爱尔兰、英国、美国等都有采用。

免耕法管理的土壤容重、孔隙度、有机质、酸碱度、土壤承压强度以及根系分布等都发生了显著的变化。免耕法地表面易形成一层硬壳，这层硬壳在干旱气候条件下变成龟裂块，在湿润条件下长一层青苔。但在表层形成的硬壳并不向深层发展，故免耕果园能维持土壤自然结构。由于作物根系伸入土壤表层以及土壤生物的活动，可逐步改善土壤结构。随着土壤容重的增加，非毛细管孔隙减少，但土壤中可形成比较连续而持久的孔隙网，所以通气较耕作土壤为好。且土壤动物孔道不被破坏，故水分渗透常有所改善，土壤保水力也强。

免耕法果园无杂草，可减少水分消耗，土壤中有机质含量比耕作区高、比生草法果园低。免耕法表层土壤结构坚实，便于果园各项操作及果园机械化。

免耕法和清耕法、生草法处理相比，幼树生长较旺，产量也较高。由于土壤水分状况好，表层土壤营养物质含量较丰富，果树表层根系发达，一般叶片营养水平比其他管理为高，较坚实的土层绝缘作用较小，吸热放热均较快，可减少辐射霜冻的威胁。

从长远看，免耕法比清耕法土壤结构好。随着杂草种子密度的减少，除草剂的使用量也随之减少，土壤管理成本相应降低。但以土层深厚、土质较好的果园采用较好，尤以在潮湿地区刈草与耕作均存在一定困难，要用除草剂除草的果园使用较为有利。

上述几种果园土壤管理方法，在不同条件下各有其利弊。各地应根据果树种类、自然条件的特点，因地制宜地予以灵活运用，才能收到良好效果。

三、果园土壤一般管理

1. 耕翻土壤

耕翻土壤多在秋季或春季进行。

（1）秋季耕翻。秋季耕翻可以松土保墒，有利于降水下渗，又可减少宿根性杂草和果树根蘖对养分的消耗，同时还可消灭部分地下害虫等。

北方秋耕，一般在果实采收或落叶前后进行。冬季雨雪稀少的地区，耕后及时耙平；雨雪多的地区或年份，耕后不耙，以促水分蒸发。在低湿盐碱地耕后不耙，可防返盐碱。坡地沿等高线进行。耕翻深度一般为20～30厘米。

（2）春季耕翻。春耕较秋耕浅些。一般在将化冻时及时进行，可保蓄土壤中上升水分。春耕后要耙平；风多地区还需镇压，有的地区耕后不耙，以防风蚀；春季风大少雨的地区，以不耕为好。

（3）夏季耕翻。一般在伏天进行。此时杂草多，土壤松软，耕后可消灭杂草，增加土壤有机质，加深耕作层，促使根系向深层生长。

2. 中耕除草

中耕除草既可清除杂草，避免其与果树争夺水、肥和空间，又可以切断土壤毛细管，减少水分蒸发。中耕次数应根据当地气候特点、杂草多少而定，在杂草出苗期和结籽前进行，除草效果好。中耕深度一般以6～10厘米为宜。

3. 化学除草

化学除草是利用除草剂防除杂草的方法，效果良好，目前在果树生产上已广泛采用。

4. 果园土壤覆盖

果树根系生长与土壤条件密切相关，根系集中分布层是土壤生态环境（水、肥、气、热）最适层。土壤覆盖能为根系生长创造最佳土壤环境。

（1）树盘覆草。用干、鲜草等覆盖物，平铺在树盘上，以保蓄水分、疏松土壤，增加土壤表层的生态稳定性，覆盖物经分解后，可释放大量的氮素及其他营养元素，因而可以提高土壤的肥力。

树盘覆草，首先整好树盘，然后将长约5厘米的草覆盖在树盘内；最初覆草厚度应在25厘米以上。常用覆盖物有麦秸、玉米秸、糠、山野杂草、落叶、锯屑等物。为防风吹，可在覆草上压土或石块。覆草适于草源丰富、干旱少雨地区。

（2）地膜覆盖。地膜覆盖可提高地温，特别是在早春增温作用明显，可保持土壤水分，改善土壤结构，防止盐分上升，增加土壤中二氧化碳含量，有利于根系生长。覆膜只覆树盘或树冠下地面。覆膜前，先中耕、施肥、浇水和施用除草剂。覆膜后，用土封严压实边缘，为防膜老化过快，可在树行间取土加盖于膜上，同时也能抑制杂草蘖生顶破地膜。在成年果园，如于树冠枝叶密集的行间覆盖银光薄膜，可增加地面折射和散射光照，有利于树冠内、下部叶片的光合作用和果实着色，从而提高果实品质。

目前地膜有无色、乳白色、绿色、黑色、银色、不透明、光降解膜、银色反光膜等，也在研究开发增温防寒、遮阴降温或反光的地膜。

5. 间作

在果树幼树期或尚未郁闭的果园，可在行间种植间作物，充分利用土地和空间，提高经济效益，还可增加植被覆盖，保持水土，减轻杂草危害。但是，如果间作不当，容易发生间作物与树体争夺养分和营养空间的矛盾。为此应正确选择间作物。间作物要与树体保持一定距离，通常以树干外缘为界，并加强土肥水管理，尤其是在二者对养分竞争剧烈的时期，及时施肥和灌水。优良间作物生长期短；大量需肥水时期与果树错开；植株矮小，不影响树体光照；病虫害少，与果树无共同病虫害；间作物本身营养价值较高。目前常用的间作物有豆类、薯类、绿肥作物等。

第二节　果树施肥

培训目标
- 能够掌握果树营养特点
- 能够熟练掌握施肥技术

果树施肥的目的是补充果树生长发育各个阶段营养元素的消耗和不足，调节各种营养元素间的平衡。由于果树正常生长所必需的元素除碳、氢、氧三者主要来自空气和水外，其余均主要依靠土壤供给，这就需要通过土壤施肥来补充。

一、施肥时期

1. 确定施肥时期的依据

（1）根据果树需肥时期。果树在年生命周期内对氮、磷、钾三要素的吸收有所不同。一般的规律是在生长初期吸收氮素最多，中期以后迅速下降，果实采收后又有所增加。吸收钾的高峰在中期，即果实速生期。对磷的吸收在生长初期有所增加，但此后变化不大。树种不同，树龄、树势不同，施肥也有差别。

（2）根据土壤中营养元素和水分变化规律。清耕果园一般春季含氮较少，夏季有所增加，钾含量与氮相似，磷含量则不同，春季多，夏秋季较少。土壤营养物质含量与间作物种类和土壤管理制度也有一定关系。土壤质地不同，保蓄肥水的能力与营养状况也不同，施肥时期应有所差别。

土壤水分含量与发挥肥效有关。积水或多雨地区，肥分易淋洗流失，从而降低肥效和利用率。应根据土壤水分变化规律或结合排灌施肥。

（3）根据肥料的性质。凡速效、易流失或施后易被土壤固定的肥料，宜在果树需肥期稍前施入；迟效肥（有机肥）因需腐熟分解后才能被吸收利用，宜提前施入。

2. 基肥和追肥施用时期

（1）基肥。基肥以有机肥料为主，是能在较长时期内供给果树多种养分的基础肥料，如腐殖酸类肥料、堆肥、厩肥、圈肥、粪肥、鱼肥、血肥、复合肥、长效肥以及绿肥、作物秸秆、杂草、枝叶等。使其逐渐分解，不断供给果树吸收的大量营养元素和微量元素。主要农家基肥养分含量见表 3—1。

表 3—1　　主要农家基肥养分含量　　%

种类	有机质	氮（N）	磷（P_2O_5）	钾（K_2O）	种类	有机质	氮（N）	磷（P_2O_5）	钾（K_2O）
人粪（鲜）	19.8	1.3	0.4	0.30	塘泥	—	0.83	0.39	0.34
人尿（鲜）	3.8	0.50	0.16	0.2	垃圾	40	0.6	0.5	0.5
人粪尿（鲜）	4.9	0.85	0.26	0.21	棉籽饼	82.2	3.41	1.63	0.97
猪粪	15	0.60	0.4	0.41	菜籽饼	63	4.6	2.48	1.4
牛粪	14.5	0.32	0.21	0.16	芝麻饼	77.6	5.8	3	1.3
马粪	21	0.5	0.30	0.24	花生饼	—	6.32	1.17	1.3
羊粪	31.4	0.65	0.47	0.23	黄豆饼	83.4	7	1.32	2.13
猪圈粪	1.8	0.17	0.28	2.39	麦秸灰	—	—	6.4	13.6
牛圈粪	3.4	0.14	0.23	2.18	草灰	—	—	2.3	8.09
陈粪土	—	0.2	0.45	0.81	小麦秸	—	0.84	0.84	0.30
熏土	—	0.08	0.13	0.41	玉米秸	—	0.75	0.41	1.98
					花生蔓		3.2	0.40	1.2

单元 3

秋施基肥正值根系第二或第三次生长高峰，伤根容易愈合，切断一些细小根，起到根系修剪的作用，可促发新根。若施肥时加入适量速效性氮肥（占总量 1/3），则效果更好。此时，果树地上部新生器官已渐趋停止增生，其所吸收的营养物质以积累储备为主，可提高树体营养水平和细胞液浓度。有利来年果树萌芽开花和新梢早期生长。秋施基肥第二年短枝叶片健壮，长枝基部叶片肥大，开花整齐；大年由于大量结果，树体营养水平差，花芽形成得少、质量也差，秋季早施基肥，可提高花芽质量，为来年生长结果做好准备，并增强果树的越冬性。

果树春季萌芽、开花和枝梢生长，消耗的主要是树体储存养分。树体营养水平高，花芽质量好，可提高坐果率，促进幼果细胞分裂，单果内细胞个数多，是果实肥大和高产的前提和基础。

增施有机肥料，可提高土壤孔隙度，疏松土壤，加速土肥融合，改善土壤中水、肥、气、热状况，有利于微生物活动。秋施基肥，有机物腐烂分解时间较长，矿质化程度高，翌春可及时供根系吸收利用，并有利于果园积雪保墒，提高地温，防止根际冻害。

寒冷地区果树落叶后至土壤结冻前施基肥，地温已降低，伤根不易愈合，且不易发生新根，肥料也较难分解，效果不如秋施。春施基肥，肥效发挥较慢，常不能满足早春生长需要；到后期往往导致枝梢再次生长，影响花芽分化和果实发育。但我国地域辽阔，果树繁多，因此，基肥施用时期要因地因树而异。

据中国农业科学院果树研究所试验表明，同量有机肥料连年施用比隔年施用增产效果明显。所以基肥以年年施用为好。根据磷钾肥性质及果树吸收特点，可考虑秋季与有机肥料同时施用，尤以磷肥效果最好。

（2）追肥。又称为补肥。基肥发挥肥效平稳而缓慢，当果树需肥急迫时期必须及时补充，才能满足果树生长发育的需要。追肥既是当年壮树、高产、优质的肥料，又给来年生长结果打下基础，是果树生产中不可缺少的施肥环节。

追肥的次数和时期与气候、土质、树龄等有关。一般高温多雨或沙质土，肥料易流失，追肥宜少量多次；反之，追肥次数可适当减少。幼树追肥次数宜少，随树龄增长，结果量增多，长势减缓，追肥次数也要增多，以调节生长和结果的矛盾。目前生产上对成年结果树一般每年追肥 2～4 次。但需根据果园具体情况，酌情增减。

1）花前追肥。果树萌芽开花需消耗大量营养物质，但早春土温较低，吸收根发生较少，吸收能力也较差，主要消耗树体储存养分。若树体营养水平较低，此时氮肥供应不足，则导致大量落花落果，还影响营养生长，对树体不利。北方多数地区早春干旱少雨，追肥必须结合灌水，才能充分发挥肥效。

2）花后追肥。这次肥是在落花后坐果期施用，也是果树需肥较多时期。幼果迅速生长，新梢生长加速，都需要氨。追肥可促进新梢生长，扩大叶面积，提高光合效能，有利于碳水化合物和蛋白质的形成，减少生理落果。一般花前肥和花后肥可互相补充，如花前追肥量大，花后也可不施。但这次肥必须根据树种、品种的生物学特性酌情施用，才能提高氮肥利用率和坐果率。

3）果实膨大和花芽分化期追肥。此期部分新梢停止生长，花芽开始分化。追肥可提高光合效能，促进养分积累，提高细胞液浓度，有利于果实肥大和花芽分化。这次肥既保证当年产量，又为来年结果打下了基础，对克服大小年结果也有作用。

对结果不多的大树或新梢尚未停止生长的初结果树，尤其要注意氮肥适量施用，否则易引起二次生长，影响花芽分化。这次肥应注意氮、磷、钾适当配合。

4）果实生长后期追肥。这次肥主要解决大量结果造成树体营养物质亏缺和花芽分化的矛盾。尤以晚熟品种后期追肥更为必要。不论枝条内氮的含量，还是芽内过氧化氢酶的活动度，均以秋季追肥为高，说明此期追肥对提高树体营养水平有良好作用。

树体内含氮化合物的变化，一般 8 月含量最高，若前期氮肥不足到秋季则逐渐减少，至落叶前减至最少。因此，后期宜追施氮肥。果树体内含钾和碳水化合物高则果实着色好，此期追施适宜比例的氮、磷、钾肥料，对果树有多方面的作用，对盛果期大树尤为必要。生产上很重视这次追肥的施用，也有与基肥结合施用的。

柑橘产区多根据物候期每年追肥 4～5 次，即萌芽肥、稳果肥、壮果肥和采果肥。

萌芽肥是在春梢萌芽期施入，多以氮肥为主。施后可促发春梢，增加叶花比和叶面积，提高花的质量。但此期是以消耗树体储存营养为主，因此，施秋肥更为必要。

稳果肥需肥时期较长，有些柑橘园在此期追肥1～2次，氮肥可显著提高坐果率和促进幼果生长。但在亚热带产区，对初结果的幼旺树和小年树氮肥施用要适量，否则易导致夏梢过多，生理落果加重，影响产量。

壮果肥施用时正值果实迅速生长期，也是年中生根高峰期，施入氮、磷、钾有较高肥效。不少产区此时往往有暴雨，故以多次少量为好。而在长江流域又往往有伏旱，施肥应注意灌水。

我国柑橘产区很重视采果肥，特别是丰产树，多在采果前施入。而多数产区以速效性氮肥和基肥同时施入。因果实含有较高的类赤霉素，因而养分大量流入果实内，与此同时也增强了根系吸收养分、水分的能力，但此能力在采果后即迅速消失，故采果前施入为宜，晚施不利于丰产后树势恢复和树体越冬。若这次肥施不上还会影响果实的耐储性。

几种氮肥的主要理化性状见表3—2。

表3—2　几种氮肥的主要理化性状

肥料种类	性　状	含氮量/%	物理应用特性
尿素	白色半透明小颗粒	46	施后覆土，可作为根外追肥用
硫酸铵	白色柱状结晶或粉末，有杂质时呈灰色、棕色等	20～21	不能与草木灰、石灰等碱性肥料混用
硝酸铵	白色结晶	34～35	易流失
碳酸氢铵	白色粉末或细粒结晶	17～17.5	深施覆土

几种钾肥的主要理化性状见表3—3。

表3—3　几种钾肥的主要理化性状

肥料名称	含钾量/%（以K_2O计）	酸　碱　性	溶　解　性	物理性状
硫酸钾	48～52	中性	水溶性	—
氯化钾	50～60	中性	水溶性	—
氢氧化钾	8～25	碱性	水溶性，弱酸溶性	吸湿性强，易结块
硝酸钾	33	中性	水溶性	吸湿性强
磷酸二氢钾	6～25另含P_2O_5 3～6	碱性，弱酸溶性	水溶性	—

几种复合肥料的主要理化性状见表 3—4。果树三要素施用量及其比例见表 3—5。

表 3—4　几种复合肥料的主要理化性状

类型	名称	养分含量/%		酸碱性	溶解性	物理性状
氮磷复合肥	氨化过磷酸钙	N	2～3	中性	水溶性	—
		P_2O_5	14～28			
	硝酸磷肥	N	20	中性	水溶性	吸湿性强，易结块
		P_2O_5	20			
	硫酸铵	N	16	中性	水溶性	—
		P_2O_5	20			
	磷酸铵	N	12～18	中性	水溶性	有吸湿性
		P_2O_5	16～52			

表 3—5　果树三要素施用量及其比例

树种	施肥量/（千克/亩）			比例	资料来源
	氮（N）	磷（P_2O_5）	钾（K_2O）	氮∶磷∶钾	
苹果	16.0	6.7	13.2	1∶0.41∶0.83	日，长野县
苹果	3.4	1.0	3.7	1∶0.28∶1.07	美，Roberts
苹果	4.0	4.0	8.0	1∶1∶2	前苏联，Degtyar
苹果	4.0	3.0	4.0	1∶0.75∶1	前苏联，Chihalo
梨	11.8	5.8	12.0	1∶0.49∶1.02	日，细井
桃	9.3	5.6	9.3	1∶0.60∶1	日，冈山县
葡萄	8.3	6.0	7.0	1∶0.72∶0.84	日，土屋
葡萄	4.0	4.0	4.0	1∶1∶1	前苏联，Khanin
核桃	1.2	0.3	1.6	1∶0.23∶1.31	

二、施肥量

果树种类、品种和生长发育阶段不同，需肥量不同，施肥量还需要根据地形地势和土壤状况而定。一般幼旺树需肥量较少，结果大树应适当多施肥。山地、沙地果园土质瘠薄，施肥量宜大，土质肥沃的平地果园，养分释放潜力大，施肥量可适当减少。正确的施肥量应以满足果树对各种营养元素的需要为度。目前生长上确定施肥量的方法主要有调查分析法、施肥试验和果树营养诊断——叶分析法。

1. 调查分析法

深入生产实际，对不同树种、品种的施肥量进行广泛调查，并采用定性和定量相结合的办法，综合对比分析，总结施肥效果，以确定合理的施肥量。

2. 施肥试验

按地区对不同树种、不同品种等进行田间肥料试验，根据试验结果确定施肥量。但试验需要较长时间，而且有明显的地区局限性，某一气候土壤条件下的试验结果，常不能直接应用到另一种条件的果园中去。目前，随着果树生产基地规模化，趋向于进行多点试验。

3. 果树营养诊断——叶分析法

叶分析法是指用仪器对叶子所含各种营养成分进行分析，以标准叶营养成分的含量进行对比以确定某种营养元素的余缺。

果树营养诊断还有一些其他方法，如土壤有效养分的诊断和果树有关酶化学的诊断等。

4. 计算施肥量

指施肥量的理论值计算。应先测出树体各器官每年从土壤中吸收各营养元素量，扣除土壤中能够供给的量，再考虑肥料损失，其差额即为施肥量。公式如下：

施肥量＝（各器官吸收元素量－土壤供给量）/肥料利用率

三、施肥方法

1. 土壤施肥

土壤施肥必须根据根系分布特点，将肥料施在根系分布层内，便于根系吸收，发挥肥料最大效用。果树的水平根一般集中分布于树冠外围稍远处。而根系又有趋肥特性，其生长方向常以施肥部位为转移。因此，一般将有机肥料施在距根系集中分布层稍深、稍远处，诱导根系向深广生长，形成强大根系，扩大吸收面积，提高根系吸收效能和树体营养水平，增强果树的抗逆性。

施肥的深度和广度与树种、品种、树龄、砧木、土壤和肥料种类等有关。如荔枝、龙眼、苹果、梨、核桃、板栗等果树根系强大，分布深而广，施肥宜深，范围也要大些。桃、金橘、菠萝、香蕉等果树根系较浅，分布范围也较小；矮生果树和矮化砧木根系分布得更浅些，范围也小，施肥的深度和广度要适应这一特性，才能获得施肥的良好效果。幼树根系浅，分布范围不大，以浅施、范围小些为宜。随着树龄的增加、根系的扩展，施肥的范围和深度也要逐年加深扩大，满足果树对肥料日益增长的需要。沙地、坡地以及高温多雨地区，养分易淋洗流失，宜在果树需肥关键时期施入，且要多次薄施，提高肥料利用率。基肥要适当深施，增厚土层，提高保肥、保水能力。

各元素在土壤中的移动性不同，施肥深度也不一样。如氮肥在土壤中移动性强，即使浅施，也可渗透到根系分布层内，被果树吸收利用。钾肥移动性较差，磷肥移动性更差，一般磷钾肥宜深施，尤以磷肥宜施在根系集中分布层内，才有利于根系吸收。因磷肥在土壤中易被固定。影响果树吸收，为了充分发挥肥效，过磷酸钙或骨粉宜与厩肥、堆肥、圈肥等有机肥料混合腐熟，施用效果较好。基肥以迟效性有机肥或发挥肥效缓慢的复合肥料为主，应适当早施深施；追肥一般为速效性养分，肥效快，在果树急需稍前时施入。施肥效果与施肥方法有密切关系。因此，施肥方法的研究也很重要，现将生产上常用的施肥方法介绍如下。

（1）环状施肥（见图 3—1）。又称轮状施肥，是在树冠外围稍远处挖环状沟施肥。此法具有操作简便、经济用肥等优点。但挖沟易切断水平根，且施肥范围较小，一般多用于幼树。

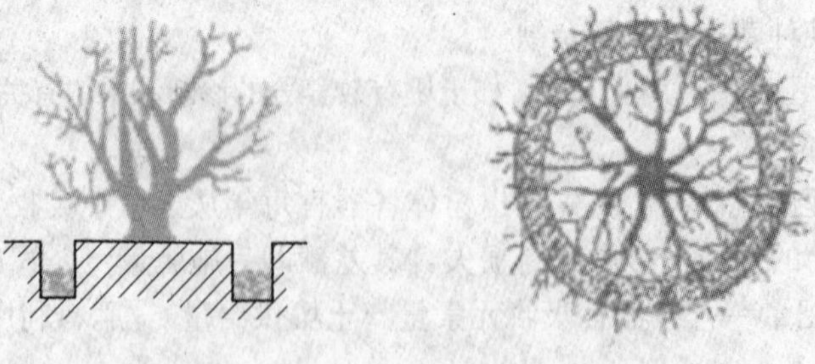

图 3—1　环状施肥

猪槽式施肥与环状施肥类同，是将环状中断为 3～4 个猪槽式沟。此法较环状施肥伤根少，隔次更换施肥位置可扩大施肥部位。四川柑橘产区多采用此法。

（2）放射沟施肥（见图 3—2）。这种方法一般较环状施肥伤根少，但挖沟时也要躲开大根。可以隔年或隔次更换放射沟位置，扩大施肥面，促进根系吸收。但施肥部位也存在一定的局限性。

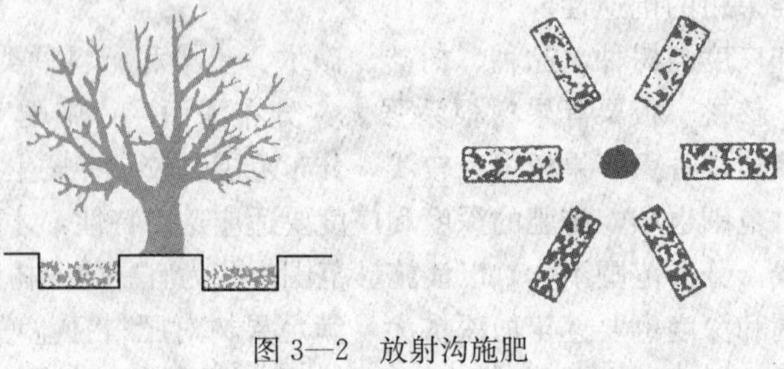

图 3—2　放射沟施肥

（3）条沟施肥（见图3—3）。在果园行间、株间或隔行开沟施肥，也可结合深翻进行。较便于机械化。

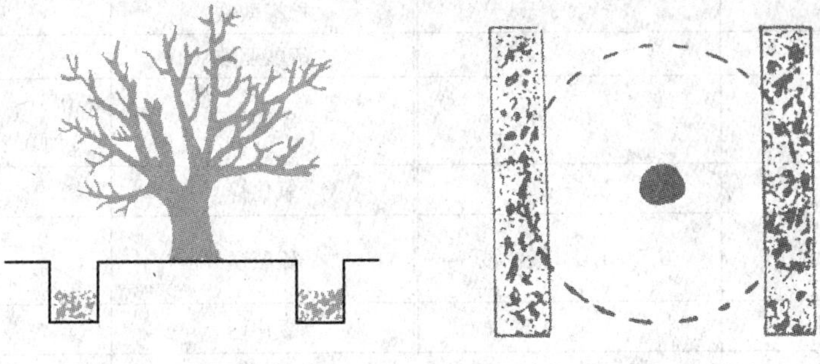

图3—3　条沟施肥

（4）全园施肥（见图3—4）。成年果树或密植果园，根系已布满全园时多采用此法。将肥料均匀地撒布园内，再翻入土中。但因施得浅，常导致根系上翻，降低根系抗逆性。此法若与放射沟施肥隔年更换，可互补不足，发挥肥料的最大效用。

图3—4　全园施肥

（5）灌溉式施肥。近年来广泛开展灌溉式施肥研究，尤以与喷灌、滴灌相结合的较多。实践证明：任何形式的灌溉式施肥，由于供肥及时，肥分分布均匀，既不断伤根系，又保护耕作层土壤结构，节省劳力，肥料利用率又高，可提高产量和品质，又可降低成本，提高劳动生产率。灌溉式施肥对树冠相接的成年树和密植果园更为适合。

总之，施肥方法有多种，且方法不同效果也不一样，应根据果园具体情况，酌情采用。

2. 根外追肥

又称叶面喷肥，是在果树生长发育期间，将低浓度的肥料溶液喷施于叶面等地上部分的一种施肥方法。此法用肥量少、功效快，对水溶性磷酸盐和某些微量元素还可避免被土壤固定。在干旱少雨又无水浇条件时，土壤施肥难以溶解吸收，此时叶面喷肥效果更佳。追肥还可与喷药相结合，节省劳动力。但根外追肥不易满足果树对养分的要求，如喷施氮肥后，只是叶片含氮量增加，其他器官的含氮量变化很小，作用有一定的局限性。因此，根外追肥只是土壤施肥的补充措施，不能替代土层根际施肥。根外追肥的肥料种类及使用浓度见表3—6。

表 3—6　根外追肥的肥料种类及使用浓度

肥料种类	喷布浓度/%	肥料种类	喷布浓度/%
尿素	0.3～0.5	硝酸镁	0.5～1.0
硫酸铵	0.3	柠檬酸铁	0.1～0.2
硝酸铵	0.3	硫酸亚铁	0.05～0.1
腐熟人尿	30～50	硫酸锌	0.1～0.2 或 0.5～1.0（加 0.25～0.5 熟石灰）
磷酸铵	0.5～10	氧化锌	0.2
过磷酸钙	0.5～1.0（浸滤液）	硫酸锰	0.05～1.0 或 0.3（加 0.1 熟石灰）
磷酸二氢钾	0.3～0.5	氧化锰	0.15
磷酸二氢钙	0.1～0.2	硼砂（酸）	0.1～0.2
硝酸钾	0.5	钼酸铵	0.1～0.3
硫酸钾	0.5	钼酸钠	0.007 5～0.015
草木灰	1～3（浸滤液）	硫酸铜	0.01～0.02
硫酸镁	0.1～0.2	高效复合肥	0.2～0.3

3. 果园绿肥

在幼龄果园或树冠尚未郁闭的果园行间，可以种植绿肥作物。在其生长到适当物候期时，把绿色体翻压到土壤中，作为果树肥料。

绿肥作物含有丰富的氮、磷、钾等多种营养元素，果园翻绿肥可使土壤有效态养分明显增多；绿肥植物在根系生长和腐熟过程中产生有机酸，可使土壤中难溶性养分变为可给态，供果树利用，可增加土壤有机质，进而促进微生物的活动，提高土壤肥力。有机质在分解时，可产生带负电荷的胡酶酸溶胶，有利于团粒结构的形成。绿肥植物还能充分利用光能，防止水土流失、防风固沙、改良盐碱、稳定土温。绿肥作物的播种期、播种量和播种方式见表 3—7。

表 3—7　绿肥作物的播种期、播种量和播种方式

绿肥种类		播种期	播种量/（千克/公顷）	播种方式
冬季绿肥	苕子	8—10 月（华北、江淮）（春播 3—5 月）	52.5～75.0	条播（或撒播），行距 25～30 厘米
	箭管豌豆	9—10 月（江淮）（春播 3 月）	45～52.5	条播，行距 25～30 厘米
	草木樨	11 月上旬（北方）（春播 3 月下旬至 4 月上旬）（夏播 6 月以前）	15～30	条播，行距 25～30 厘米

续表

绿肥种类		播种期	播种量/（千克/公顷）	播种方式
夏季绿肥	红豆	华南3月，长江流域4月 华北、东北5—7月中旬	52.5～60.0	条播，行距30～50厘米（或点播）
	印度红豆	4月上旬、5月中旬	37.5～45.0	条播，行距40～50厘米 （点播穴距30厘米）
	绿豆	南方4月，北方5—6月	30.0～45.0	条播，行距30～60厘米
	响铃豆	南方3月 华北4月下旬至5月上旬	15.0～22.5	点播，穴距35～40厘米
多年生绿肥	田菁	3—6月（土温达5℃）	52.5～75.0	条播，行距20～30厘米（或撒播）
	柽麻	南方4—5月 北方5—6月	60.0～75.0	条播，行距30～50厘米
	沙打旺	春播3—4月 秋播8—10月	15～18.75 11.25～15.0	条播，行距40～50厘米（或撒播）

第三节　果园的灌水与排水

培训目标

- 能够掌握果树需水特性
- 能够掌握节水灌溉技术

一、果园灌水

1. 灌水对果树的影响

（1）水是果树的重要组成部分。果树的叶枝根等部的含水量约为50%，而鲜果含水量则高达80%～90%。果树在年生长发育中，如缺水则会影响新梢的生长、果实的增大和产量的增加。如严重缺水，则因果实的水势比叶片的水势低得多，因而叶片从果实中夺取水分，使果实体积缩小、裂果，甚至脱落。

（2）水是果树生命活动的重要原料。树体光合作用、蒸腾、物质运输、代谢均需水。

（3）水有调节树温的作用。果树借助蒸腾作用调节树温，使叶片和果实不致因阳光强烈的照射而引起“日烧”。

(4) 水是调节果树生育环境的重要因素。水对果树生长的土壤和气候环境有良好的调节作用，如在干旱的土壤上灌水，可改善微生物的生活状况，促进土壤有机质的分解。在高温季节对果园进行喷灌，除降低土温外，还可降低树体温度，同时提高空气湿度。冬季土壤干旱，易引起或加重果树的冻害，如施行冬灌，既可提高土温和满足果树轻微蒸腾作用的需要，又可减轻或避免冻害。

正确的灌溉对果树有多方面的良好作用。不合理的灌溉则会给果园带来侵蚀，破坏土壤结构，导致营养物质淋失，土壤盐渍化，果树生长失调。因此，必须防止不合理的灌溉。

2. 灌溉水的质量

用于果园灌溉的水源，有河水、雨水、井水、泉水、地表径流水、积雪和污水等。由于这些水的可溶性物质、悬浮物质以及水的温度等不同，对果园灌溉的作用也有差异。地表径流水，常含有大量植物能利用的有机质和矿物元素；雨水含有较多的二氧化碳、氨和硝酸；雪水中亦含有较多的硝酸。因此，这一类的灌溉水对果树是十分有利的。至于来自山区河流的河水和地下泉水，温度较低，可将其储于蓄水池中，经过一段时间增温充气后利用。利用污水灌溉，则需分析是否含有有害盐类和有毒元素及其化合物。

在喷灌和滴灌时，应特别注意灌溉水中不能含泥沙和藻类植物，以免阻塞喷头和滴头。

3. 灌水时期的确定

正确的灌水时期，不是等果树已从形态上显露出缺水状态（如果实皱缩，叶片卷曲等）时才进行灌溉，而是要在果树未受到缺水影响以前进行，否则，果树的生长和结果将发生不可弥补的损失。下面介绍几种确定灌水时期的依据。

(1) 根据果树的物候期。果树在不同物候期，对需水量有不同的要求。一般认为，保证果树生长期的前半期水分供应充足有利于生长和结果，而后半期要控制水分，保证及时停止生长，使果树适时进入休眠期，做好越冬准备。根据各地的气候，在下述物候期，如土壤含水量低时，必须进行灌溉。

1) 发芽前后到开花期。此时土壤中如有充足的水分，可以加强新梢的生长，加大叶面积，增强光合作用，并使开花和坐果正常，为当年丰产打下基础。春旱地区，此期充分灌水更为重要。

2) 新梢生长和幼果膨大期。此期常称为果树的需水临界期。此时果树的生理机能最旺盛，如水分不足，则叶片夺去幼果的水分，使幼果皱缩而脱落。如严重干旱时，叶片还将从吸收根组织内部夺取水分，影响根的吸收作用正常进行，从而导致生长减弱，产量显著下降。南方多雨地区，此期常值梅雨季节，除注意均匀供给土壤水分外，还应注意排水。

3）果实迅速膨大期。就多数主要落叶果树而言，此时既是果实迅速膨大期，也是花芽大量分化期，应及时灌水，这样不但可以满足果实肥大对水分的要求，同时可以促进花芽健壮分化，从而达到在提高产量的同时，又形成大量有效花芽，为连年丰产创造条件。

4）采果前后及休眠期。在秋冬干旱地区，此时灌水，可使土壤中储备足够的水分，有助于肥料的分解，从而促进果树翌春的生长发育。在南方对柑橘果树，此时灌水结合施肥，有利于恢复树势，并促进花芽分化。在北方对多数落叶果树来说，在临近采收期之前不宜灌水，以免降低品质或引起裂果。寒地果树在土壤结冻前，灌一次封冻水，对果树越冬甚为有利。

（2）根据土壤的含水量。用测定土壤含水量的方法确定具体灌水的日期是较可靠的方法。土壤能保持的最大水量称为土壤持水量。一般认为，当土壤含水量达到持水量的60%～80%时，土壤中的水分与空气状况最符合果树生长结果的需要，因此，当土壤含水量低于持水量的60%时，根据具体情况，注意是否需要灌水。

土壤含水量包括吸湿水与毛管水，可供植物根系吸收利用的都为可移动的毛管水，当土壤内水分减少到不能移动时的水量时称为水分当量。土壤水分已成为水分当量时，果树吸收水分受到阻碍，树体就陷于缺水状态。所以，实际栽培中，必须在土壤到达水分当量前及时进行灌溉。土壤水分如果下降至水分当量后继续减少，则植物生长困难，终至枯萎死亡，这种程度称为萎蔫系数。据研究，萎蔫系数大体相当于各种土壤水分当量的54%。因此，当土壤含水量达到萎蔫系数时进行灌溉，显然是不正确的。

不同土壤的持水量、持水当量、萎蔫系数等各不相同，可见表3—8。在测定不同土壤含水量作为是否需要灌溉的依据时，可参考此表。

表3—8　不同土壤的持水量、水分当量、萎蔫系数及容重

（引自小林章，《果树的营养生理》，1962年）

土壤的种类	持水量/%	持水量的60%～80%	水分当量/%	萎蔫系数/%	容重/%
细沙土	28.8	17.3～23.0	5	2.7	1.74
沙壤土	36.7	22.0～29.4	10.0	5.4	1.62
壤土	52.3	31.4～41.8	20.0	10.8	1.48
黏壤土	60.2	36.1～48.2	25	13.5	1.4
黏土	71.2	42.7～57.0	32.0	17.3	1.38

在一地如已了解土质，并经多次含水量的测定，也可凭经验用手测、目测法，判断其大体含水量，从而决定是否需要灌溉。如壤土和沙壤土，用手紧握形成土团，再挤压时，土团不易碎裂，说明土壤湿度大约在最大持水量的50%以上，一般还可不必进行灌溉，如手指松开后不能形成土团，则证明土壤湿度太低，须进行灌溉。如土壤为黏壤

土，捏时能成土团，但轻轻挤压容易发生裂缝，则证明水分含量少，须进行灌溉。

（3）仪器测定。随着科学技术和工业生产的发展，用仪器来指示果园的灌水时间和灌水量，早已在生产上采用。目前用于果园指导灌水的仪器，最普遍采用的是张力计（又称土壤水分张力计）。在果园中安置张力计指导灌溉，是一种简便而又较正确的方法，可省去进行土壤含水量测定的许多劳力，而且可随时迅速地了解果树根部不同土层的水分状况，进行合理的灌溉，以防止过分灌溉时所引起的灌溉水和土壤养分的消耗。

作为果园是否需要灌溉的依据，还有一些其他方法，即直接测定果树地上部生长状况的方法，如测定果实的生长率、气孔的开张度、树干或枝条的生长、叶片的色泽和萎蔫度等，这类测定可称为灌水时期生物学指标。此外，对采用测定叶片的细胞液浓度、水势等作为灌水时间的生理指标也有许多研究，但目前均未能大量用于生产实践。

4. 灌水量

最适宜的灌水量，应在一次灌溉中，使果树根系分布范围内的土壤湿度达到最有利于果树生长发育的程度。只浸润表层或上层根系分布的土壤，不能达到灌水要求，且由于多次补充灌溉容易引起土壤板结、土温降低，因此，必须一次灌透。一般深厚的土壤，一次需浸湿土层1米以上深，浅薄土壤，经过改良，亦应浸湿0.8～1米。如果在果园里安置张力计，则不必计算灌水量，灌水量和灌水时间均可从真空计的读数表示出来。

目前，对灌水量的计算方法有以下几种：

（1）根据不同土壤的持水量、灌溉前的土壤湿度、土壤容重、要求土壤浸湿的深度，计算出一定面积的灌水量，即

灌水量＝灌溉面积×土壤浸湿深度×土壤容重×（田间持水量－灌溉前土壤湿度）

假设要灌溉10亩果园，使1米深度的土壤湿度达到田间持水量，某种土壤的田间持水量为23％，土壤容重为1.25，灌溉前根系分布层的土壤湿度为15％。灌水量则可按上述公式计算出来。

灌水量＝10×666.67×1×1.25×（0.23—0.15）＝666.67吨

灌溉前的土壤湿度，每次灌水前均需测定，田间持水量、土壤容重、土壤浸湿深度等项，可数年测定一次。

应用此公式计算出的灌水量，还可根据树种、品种、不同生命周期、物候期、间作物，以及日照、温度、风、干旱持续的长短等因素，进行调整，酌增酌减，以更符合实际需要。

（2）根据果树的需水量和蒸腾量来确定每亩的需水量。可按下列公式计算：

每亩需水量＝（果实产量×干物质百分比＋枝、叶、茎、根生长量×干物质百分比）×需水量

（3）根据耗水系数测定灌水量。单位面积上的耗水量（即灌水量）与果实产量的

比，称为耗水系数。如能较准确地求得耗水系数，那么，耗水系数与所要求的产量的乘积，便是耗水量。果园的耗水量与树种、树龄、果园位置、栽植密度、覆盖作物、灌水方法等有关，因此，在确定灌水量时，必须考虑到这些因素，并需根据多年的资料，加以平衡，方较可靠。

果树行间不同的覆盖作物对水分消耗的差异极大，在测定耗水系数时，需特别注意。为了使果树获得正常的产量，在果园里若播种中耕作物和绿肥作物，需要多灌水30%～50%，若播种牧草，需要多灌水75%～100%。

5. 灌水方法

（1）沟灌（见图3—5）。在果园行间开沟灌水。沟深20～25厘米。沟距，一般密植果园每行1沟，稀植园则隔1米左右开1条沟，黏重土壤沟宽一些。此法主要借毛细管作用浸润土壤，不破坏土壤结构，用水较经济，便于机械化作业，是一种较合理的方法。

图3—5 沟灌

（2）漫灌。多应用在水源丰富、大面积平地的果园，如把果园分成若干畦田更好。这种方法比较省工，但易使土壤板结、抬高地下水位，还会使土壤中的各种矿质营养渗漏至土壤深处。

（3）盘灌。以树干为中心，在树冠投影外缘修筑树盘土埂，树盘与灌溉沟相通。水从灌溉沟流入树盘内。此法用水经济，但浸湿土壤范围较少，亦有破坏土壤结构、使表土板结的缺点。

（4）穴灌（见图3—6）。在树冠外挖土穴数个（一般8～12个），穴径30厘米，穴深以不伤根为宜，灌后将穴填平。此法用水更为节约，浸湿土壤范围大而均匀，不易板结，在水源缺乏地区和山丘地区最为适宜。

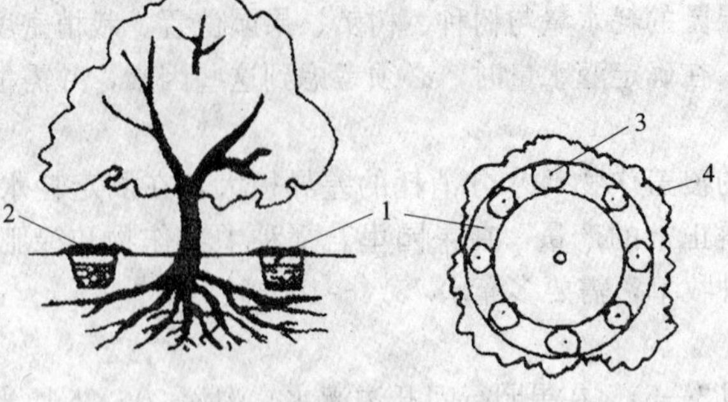

图 3—6　盘灌与穴灌

1—盘灌沟或穴灌　2—覆盖有机物或薄膜　3—灌水穴　4—树冠外缘

(5) 喷灌（见图 3—7）。即利用机械和动力设备，将具有一定压力的水，通过管道输送到果园，再由喷头将水喷射到空中，以雨滴状态降落在果园地面。此法灌水均匀，不受果园地形影响，在沙质砾质土壤中应用效果更佳；节约水，基本不产生深层渗漏和地表径流，不破坏土壤结构；调节果园内小气候，减轻或避免高温、低温、干风的危害，工作量小，效率高；可结合喷药、追肥。但喷灌会加大空气湿度，有利于某些病虫繁殖危害；一次性投资较大，成本较高。

图 3—7　低头喷灌

(6) 滴灌。利用管道将加压的水，通过滴头，以水滴或细小水流的形式，缓慢地滴入果树根际附近的土壤，使果树主要根系分布的土壤经常保持在适宜于果树生长的最优含水状态。滴灌可节约用水，适用于多种复杂地形的果园；不破坏土壤结构，能经常对根域土壤供水。但长期滴灌，可使滴头附近的土体内根系密集，但总根量有所减少；若滴灌的果树每株只有一个滴头，则根的生长不规律，降低固地性，还会使叶子和果实中的营养元素不均匀。所以需每年变换滴头的位置。

(7) 穴储肥水。穴储肥水是在穴状施肥和穴状灌水的基础上发展起来的肥水管理方式。特别适于干旱缺水、土壤瘠薄的山地和丘陵地区。其方法是在树冠齐投影边缘向内移 50～70 厘米根系集中分布区挖穴。根据树冠大小确定挖穴的数量，每穴起作用的范围约方圆 50 厘米。每个穴的直径 20～30 厘米，深度 40 厘米左右，穴中央竖一草把，草把可用玉米秸、谷草、麦秸等制成，上下两道捆紧，长度比穴深 3～5 厘米，捆好后放在水中浸泡。把浸透水的草把放在穴中央，把掺和有土杂肥、化肥的土壤填入，每穴浇水 4～5 千克。首次浇水不宜过多，以免肥料流失，埋设完毕即覆盖地膜，地膜边缘用土压严，中央正对草把上端穿一小洞，用石块或土堵住，以便将来浇水。

二、排水

1. 排水不良的危害

果园排水不良时，土壤中空气缺乏，根的呼吸作用受到抑制，根系生长和吸收能力减弱，严重时会导致植株死亡。同时，土壤微生物的活动减弱，从而降低土壤肥力。

2. 排水时间的确定

对深土层积水地，可利用土壤水分张力计进行测定。一般当达到土壤最大持水量时必须进行排水。

各种果树耐涝力的强弱，亦可作为排水时间的参考。如桃、无花果、梨等耐涝力弱，葡萄、柿等耐涝力强。应对耐涝力弱的品种优先排水。我国幅员辽阔，南北降水差异极大，雨量分布集中的时期不相同，加之地形、地势复杂，一般说来，南方较北方排水时间多且频繁。而北方秋季多涝，是排水的主要季节。

3. 排水系统

果园排水系统要在调查研究，摸清地形、地势和现有排水的基础上进行规划设计。排水系统一般由小区内的排水沟、作业区内的排水支沟和排水干沟组成。

在旱地果园，集水沟应与作业区长边和果树行向一致，也可与行间灌水沟并用或并列。集水沟的纵坡应朝向支沟，支沟的纵坡应朝向干沟，干沟应布置在地形的最低处。排水沟的间距和深度，应视降雨量和地下水位而定。对于栽植区内的集水沟，在地势低洼、地下水位高、降雨量大、土壤含盐量多的地方，集水沟的数量宜多、深、宽，间距宜小，反之亦然。

山地或丘陵地果园的排水系统，主要包括梯田内侧的行带沟，栽植小区之间的排水沟以及拦截山洪的环山沟、蓄水池、水塘或水库等。

上述各级排水沟都是明沟。采用明沟排水开挖工程量大、占地小，不利于机械操作和管理，而且明沟存在易塌、易淤、易生杂草等问题。因此，近年来不少地方采用地下暗管（沟）排水，其优点是由于暗管埋入地下，地下水降得深、快，可提高山地利用率，有利于耕作和管理，节省清沟劳力，改善土壤通透状况，排除土壤中有害物质，促进土壤的改良等。但此法一次性投资大，施工技术要求高。这是今后发展的方向之一。

第四节 主要果树病害的识别

培训目标 → 能够正确识别果树的主要病害

一、仁果类果树病害

1. 梨黑星病

梨黑星病又称疮痂病，是梨树的一种主要病害，常造成生产上的重大损失。引起梨树早期大量落叶，幼果被害呈畸形，不能正常膨大，同时病树第二年结果减少，影响产量甚大。

（1）黑星菌属病害症状

1）危害部位。危害果实、果梗、叶片、叶柄和新梢等部位。

2）叶片症状。初在叶背主、支脉之间呈现淡黄色斑，不久病斑上沿主脉边缘长出黑色的霉。危害严重时，许多病斑互相愈合，整个叶片的背面布满黑色霉层。由于叶柄受害影响水分及养料运输，往往引起早期落叶。

3）果实症状。发病初生淡黄色圆形斑点，逐渐扩大，病部稍凹陷，上长黑霉，后病斑木栓化，坚硬、凹陷并龟裂。幼果因病部生长受阻碍，变成畸形。果实成长期受害，则在果面生大小不等的圆形黑色病疤，病斑硬化，表面粗糙。

4）果梗症状。出现黑色椭圆形的凹斑，上长黑霉。新梢受害，初生黑色或黑褐色椭圆形的病斑，后逐渐凹陷，表面长出黑霉。最后病斑呈疮痂状，周缘开裂。

（2）发生规律。病菌主要在腋芽的鳞片内越冬，也能在枝梢病部或在落叶上越冬。第二年春季一般在新梢基部最先发病，病梢是重要的侵染中心。不同品种抗病性有差异。一般以中国梨最易感病，日本梨次之，西洋梨较抗病。发病重的品种有鸭梨、秋白梨、京白梨等；其次为砀山白酥梨、莱阳梨等；而玻梨、蜜梨、香水梨（如巴梨）等有较强的抗病性。

2. 梨锈病

梨锈病又名赤星病、羊胡子，是梨树和桧柏上的重要病害之一，既属于果树病害，也属于花卉病害。

（1）病害症状

1）危害部位。主要危害叶片和新梢，严重时也能危害幼果。

2）叶片症状。叶片受害，开始在叶正面形成橙黄色有光泽的小斑点，数目不等，可自一二个到数十个。后逐渐扩大为近圆形橙黄色病斑，外围有一层黄绿色的晕圈。

3）果实症状。幼果受害，初期病斑大体与叶片上的相似，病部稍凹陷，后期在同一部位产生灰黄色毛状物，即锈子器。病果生长停滞，往往畸形早落。

4）新梢、果梗与叶柄症状。病部稍肿起，初期病斑上密生性孢子器，以后在同一病部长出锈子器。最后，病部发生龟裂。叶柄、果梗受害引起落叶、落果。新梢被害后病部以上常枯死，并易在刮风时折断。

5）转主寄主桧柏症状。初在针叶、叶腋或小枝上出现淡黄色斑点，后稍隆起。在被害后的次年3月间，渐次突破表皮露出红褐色或圆锥形的角状物，单生或数个聚生，此为病菌的冬孢子角。在小枝上发生冬孢子角的部位，膨肿较显著。甚至在数年生的老枝上，有时也会出现冬孢子角，该部位膨肿更为显著。春雨后，冬孢子角吸水膨胀，成为橙黄色舌状胶质块，干燥时缩成表面有皱纹的污胶物。

（2）发生规律。病菌以菌丝体形式在桧柏病部组织中越冬。担孢子散落在嫩叶、新梢、幼果上，在适宜条件下萌发，产生侵染丝，直接从表皮细胞侵入，也可以从气孔侵入。梨锈病发生的轻重与转主寄主、气候条件、品种的抗性等密切相关。一般中国梨最易感病，如慈梨、严州雪梨、二宫白、砀山酥梨等发病较重；日本梨和部分中国梨次之，如鸭梨、三花梨、今村秋、明月梨、大青皮梨、莱阳梨等；西洋梨最抗病，如康德梨、晚三吉、博多青和开桦梨等。

3. 梨黑斑病

（1）病害症状

1）危害部位。主要危害果实、叶片和新梢。

2）叶片症状。叶片上病斑圆形，中央灰白色，边缘黑褐色，有时微现轮纹。潮湿时病斑表面生黑霉（病菌的分生孢子梗和分生孢子）。

3）果实症状。果实上病斑圆形，略凹陷，表面生黑霉。

（2）发生规律。病菌以分生孢子及菌丝体形式在病枝梢、病芽、病果梗以及有病的落叶、落果上越冬。病害潜育期的长短受叶龄影响，一般嫩叶在湿度适合的条件下按种后1天即出现病斑，老叶上潜育期较长，展叶1个月以上的叶片不受感染。一般24～28℃，连续阴雨有利于黑斑病的发生与蔓延，气温30℃以上并连续晴天则病害停止蔓延。

4. 轮纹病

轮纹病是我国苹果、梨产区一种严重的病害，尤其是高温、高湿和沿海果产区更为严重，个别果园植株发病率高达80%以上，并且采收后储藏的果实仍继续发病。还可危害山楂、桃、李、杏、栗、枣、海棠等果树。

（1）病害症状

1）危害部位。主要危害枝干和果实，叶片受害比较少见。

2）枝干症状。初期以皮孔为中心产生褐色凸起斑点，逐渐扩大形成直径 0.5～3 厘米（多为 1 厘米）、近圆形或不规则形、红褐色至暗褐色的病斑。病斑中心呈瘤状隆起，质地坚硬，多数边缘开裂，成一环状沟。翌年病部周围隆起，病健部裂纹加深，病组织翘起如“马鞍”状，病斑表面很多产生黑色小粒点（病菌的分生孢子器和子囊壳）。病组织常可剥离脱落。枝干受害严重时，病斑往往连片，表皮十分粗糙，削弱树势，久而久之，枝干枯死。

3）果实症状。果实受害，症状主要在近成熟期或储藏期出现。初期生成水渍状褐色小斑点，近圆形。病斑扩展迅速，逐渐呈淡褐色至红褐色，并有明显同心轮纹，很快全果腐烂。病斑不凹陷，病组织呈软腐状，常发出酸臭气味，并有茶褐色汁液流出。病部表面散生轮状排列的黑色小粒点。病果失水，成为黑色僵果。

（2）发生规律。病菌主要以菌丝体、分生孢子器和子囊壳形式在病树受害部位越冬，成为翌年的侵染菌源。病菌经皮孔或伤口侵入，2～8 年生枝条均可被害。花前仅侵染枝干，花后枝干、果实均可受害，谢花后直至采收，只要遇雨，皆可侵染果实，以幼果期、雨季侵染率最高。但储藏期不能发生侵染，发病果实均为田间侵染所致。果园管理粗放，大小年严重，肥水不足或偏施氮肥，修剪不当等使树体衰弱时，病害极易发生。

5. 苹果、梨白粉病

白粉病在我国苹果、梨产区均有发生。病害严重时，病叶卷曲，病梢生长停滞、扭曲、枯死。严重影响产量和品质。

（1）病害症状

1）危害部位。主要危害叶片和嫩梢，花芽、萼片、花瓣、幼果等亦会受影响。

2）叶片症状。叶片背面产生圆形或不规则形的白粉斑，并逐渐扩大，直至全叶背布满白色粉状物。当气温逐渐下降时，在白粉斑上形成很多黄褐色小粒点，后变为黑色（闭囊壳）。发病严重时，造成早期落叶。

3）芽症状。越冬病芽干瘪瘦小，鳞片松散，先端鳞片开裂，发芽较晚，病重芽枯死。花芽受害不能正常开放。萼片、花瓣变小畸形。花瓣窄长，呈黄绿色，生有白粉，以后萎缩，坐不住果。

4）果实症状。幼果感病多在果顶生有白粉，以后逐渐变成锈斑，病部组织硬化，后期龟裂。

（2）发病规律。白粉病菌主要以休眠菌丝体形式在芽鳞间或芽鳞内越冬、越夏。顶芽带菌率显著高于侧芽。第四侧芽以下则基本不受害。4—6 月为发病盛期，8 月底在秋梢上再次蔓延危害。病害发生的两个高峰期完全与新梢生长期相吻合。

6. 苹果腐烂病

腐烂病是一种毁灭性的病害，发病严重的果园，树体病疤累累，枝干残缺不全，甚至造成死树和毁园。近些年来，随着老树的更新淘汰，病情有所缓解。

(1) 病害症状

1) 危害部位。腐烂病主要危害枝干，有时也会侵害果实。

2) 枝干症状。致使皮层腐烂坏死，表现型有溃疡型和枝枯型，但多数为溃疡型。

①溃疡型。冬春季节病部呈红褐色，微隆起，组织松软，水浸状湿腐，按之大陷，呈椭圆形或长圆形，有时溢出红褐色汁液，有酒糟味，烂透树皮可深达木质部。春夏季发病时，主要在当年树皮形成的落皮层上形成表面溃疡，外观微带红褐色，略湿润，轮廓不正。晚秋、初冬时，菌丝穿透栓层，往下深入扩张，以致大片树皮腐烂。

②枝枯型。春季发病的小枝，由于病菌迅速蔓延，病部不隆起，不呈湿润状，迅速失水干枯，病枝很快枯死。多发生在2～4年生的小枝条、果台、干桩等部位，以剪口处发生最多。病斑形状不规则，红褐色，扩展迅速，很快环绕一周，造成全枝枯死。后期病部也出现黑色小粒点。在生长衰弱的树上，枝枯型症状尤为明显，可致主枝或整株发病枯死。

3) 果实症状。苹果腐烂病还可危害果实。果实上的病斑呈圆形或近圆形，暗红褐色，轮纹状，边缘清晰，病部较软，略带酒糟味，呈黄褐色和红褐色深浅交替的轮纹向果心发展。稍后，病斑中部可形成黑色突起的小粒，以散生、聚生或轮纹状排列。

(2) 发生规律。病菌主要以菌丝体、分生孢子器、子囊壳和孢子角形式在田间病树组织内越冬。越冬后，分生孢子器遇雨或潮湿排出大量分生孢子，形成孢子角。病菌除经伤口（冻伤、剪锯口、环剥口、桥接口、虫伤等）侵入外，分生孢子主要靠雨水冲溅传播。腐烂病的年发病周期始于每年的夏季。秋末冬初，树体渐入休眠期，生活力减弱，表皮溃疡层上的病菌透过下部周皮，侵入健康组织，形成坏死点，坏死点及春季残存下来的干病斑届时向纵深扩展危害；深冬季节，病菌扩展缓慢，症状不明显，但内部发病数量激增。可见症状隐蔽是腐烂病的特点之一。

7. 梨干枯病

(1) 病害症状

1) 危害部位。主要危害枝干。

2) 枝干症状。初期呈紫褐色至暗褐色病斑，病部迅速扩展，深达木质部。最后受害枝条枯死，表面产生密集的小黑粒点。

(2) 发生规律。病菌以菌丝体、分生孢子器及子囊壳形式在田间病株枝干上越冬。孢子萌发后主要经各种伤口侵入，也能经皮孔和死亡的枯芽侵入。病菌孢子借风雨传播。干腐病菌具有潜伏侵染特性，寄生力弱，只能侵害衰弱植株（或枝干）和移植后缓苗期的苗木。病菌先在伤口死亡组织上生长一段时间，再侵害活体组织。当树皮水分低于正常情况时，病菌扩展迅速。

8. 梨褐腐病

（1）病害症状

1）危害部位。主要在储藏期和成熟期危害果实。

2）果实症状。果实表面呈淡褐色绵状坏死，表面散生灰白色绵球状物，呈轮纹状排列的簇生绵球状物。

（2）发生规律。主要以假菌核（僵果）或菌丝体形式在病枝上越冬，次年产生大量分生孢子进行初侵染。分生孢子经风、雨、昆虫传播。子囊孢子有强大的发射能力，可主动传播。但由于很少发现有性态，故分生孢子在初侵染中起主要作用。再侵染靠当年各病部产生的分生孢子，经柱头、蜜腺侵入花器引起花腐，经皮孔、虫伤或各种伤口侵入果实引起果腐。混进储运果品中的病果，环境适宜时长出大量分生孢子又继续在储运中接触传播，或由昆虫爬动而扩散，蔓延极快，往往造成严重损失。

9. 苹果炭疽病

（1）病害症状

1）危害部位。主要危害果实。

2）果实症状。果实染病初期，果面上出现淡褐色小圆斑，以后逐渐扩大，病斑凹陷，边缘清晰，病部产生同心轮纹状排列的黑色小粒点，即分生孢子盘。天气潮湿时，易分泌粉红色黏液（孢子团），病部呈漏斗状腐烂，可烂到果心。病组织带有苦味，与好果肉极易分离，最后病果腐烂干缩，脱落变为黑色僵果。

（2）发生规律

苹果炭疽病菌以菌丝体形式在病弱枝、病僵果、干枯果台及吊枝绳等处越冬，翌年夏季，当温度、湿度适宜时产生分生孢子，借风、雨、昆虫传播，进行初次侵染。一旦出现炭疽病果，以后即不断发生，每个病果又成为发病中心。高温、高湿是造成病害大流行的条件。降雨早而多的年份发病早且重。山东省果区一般 6 月中旬开始发病，7—8 月上旬，在高温雨季发病进入盛期，8 月下旬气温下降，发病减少，9 月基本停止发病。

二、核果类病害

1. 桃、杏疮痂病

（1）病害症状

1）危害部位。主要危害果实。

2）果实症状。膨大期果实的肩部出现 1～2 毫米淡黄色小点，渐变为黑色圆形病斑，后期生长黑色霉状物并连接成片。表面产生裂缝，成熟果面出现黑色圆斑及木栓化斑。

（2）发生规律。越冬时病害以菌丝体或分生孢子在树体枝条的顶芽或腋芽等的鳞片处越冬，也可以在病残体上越冬。病原孢子通过风雨传播，直接侵入寄主，其潜入期很短，病菌侵入后 5～7 天即可发病。只要条件允许可进行多次再侵染。

2. 桃、李、杏穿孔病

穿孔病分为细菌性穿孔和真菌性穿孔两类，田间主要普遍发生的是细菌性穿孔病。

(1) 病害症状

1) 危害部位。主要危害叶片、枝干和果实。

2) 叶片症状。发病初期产生水浸状多角形斑点，进一步发展为病斑脱落，形成穿孔；穿孔连成片形成大的缺刻或孔洞。

3) 枝干症状。春季初期为长椭圆形，微隆起；夏季呈不规则、干枯、凹陷，后期色泽变深，进一步呈干裂状。

4) 果实症状。桃幼果发生病斑呈水浸状，凹陷；近成熟果发病初期，病斑点状，呈褐色；后期病果开裂。

(2) 发生规律。越冬时病害以细菌孢子形式在树体或病残体处越冬。病原孢子通过风雨传播。由伤口或自然孔口直接侵入寄主，只要条件允许可进行多次再侵染。

3. 桃炭疽病

桃炭疽病病原可以同时危害苹果、梨等多种作物的果实，引起腐烂，造成严重损失。

(1) 病害症状

1) 危害部位。主要危害叶片和果实。

2) 叶片症状。病叶叶缘、尖部出现病斑，褐色不规则。

3) 果实症状。病果上病斑圆形，凹陷表面产生粉红色黏液叶片。

(2) 发生规律。病菌主要在枝条表层组织和叶痕、节部越冬；枯枝、病果也是残留越冬病菌的场所。病原孢子通过风雨传播。炭疽病菌侵染果实有潜伏侵染现象，侵入后在幼果期不发病，到果实着色时才陆续出现症状，由伤口或自然孔口直接侵入寄主。

4. 桃、李、杏流胶病

桃流胶病为综合营养失调的生理性病害，引起细菌侵染，造成树体衰弱，严重的引起死树。主要危害枝干。枝干伤口处流出黄色胶液，晶莹透亮，严重时伤口处胶液堆积成冻状，后期树胶变为红褐色。

5. 桃缩叶病

桃缩叶病的寄主植物有桃、油桃、蟠桃、扁桃、碧桃及李属其他植物。

(1) 病害症状

1) 危害部位。主要危害叶片、新梢、花和幼果。

2) 叶片症状。春季（叶片刚开展时即可发病）病叶皱缩扭曲，肉质状肥大，质地嫩脆，浅黄色至红褐色；成熟叶片上出现瘤状突起，红褐色；后期在病叶表面长出一层银白色粉状物（即病菌的子实体层），病叶最终变成褐色并转黑色，干枯脱落。

3) 新梢、花和幼果症状。病新梢灰绿色，短而粗，扭曲，枝梢上叶片丛生。花和幼果受害变为畸形，易脱落。

（2）发生规律。病菌以子囊孢子或芽孢子形式在桃芽鳞片和枝干的树皮上越冬，翌年春季当幼芽展开时，孢子萌发侵染嫩叶及新梢。通过气流传播，直接入侵。一般无再侵染。春季低温、多雨有利于发病。在滨湖和海边地区栽种的桃树发病较重。早熟桃发病重。

6. 桃腐烂病

桃腐烂病为弱寄生菌侵染造成，弱树发病较重，潜伏侵染现象明显，生长季节症状潜隐。

（1）病害症状

1）危害部位。主要危害枝干。

2）枝干症状。枝干发病初期病斑表面散生许多小黑点，后期小黑点溢出橘红色丝状物，严重时会导致树体死亡。

（2）发生规律。病菌主要以菌丝体、分生孢子器、子囊壳和孢子角形式在田间病树组织内越冬。分生孢子主要靠雨水冲溅传播，病菌一般经伤口（冻伤、剪锯口、环剥口、桥接口、虫伤等）侵入。病菌侵入后先在树皮死伤组织中定植潜伏。若侵染点周围的组织健康，树势健壮，不能扩展致病；但当树体或局部组织衰弱、抗病力降低时，潜伏的病菌便迅速扩展危害，致皮层腐烂，显出症状（潜伏侵染现象）。桃腐烂病的年发病周期同苹果腐烂病。

7. 杏褐斑病

（1）病害症状

1）危害部位。主要危害叶片。

2）叶片症状。病斑紫褐色，近圆形，严重时病叶变黄，早落。

（2）发生规律。病菌以菌丝体和分生孢子形式在病落叶上越冬，分生孢子借风雨传播，从叶背气孔入侵，多雨地区和多雨年份发病重。

8. 李子褐腐病

主要危害果实。果实病斑以伤口为中心呈淡褐色绵状坏死，表面散生灰白色绵球状物，呈轮纹状排列的簇生绵球状物。

9. 根癌病

又称根瘤病，是一种分布很普遍的病害。病株主要症状表现于根部，发生大小不等的癌状物，通常接近球形，小如豌豆或更小，大如拳头。75％的癌病发生于树根部分。初生的癌无色或略带肉色，光滑，软质，渐变为褐色以至深褐色，表面粗糙或凹凸不平。病株表现为矮化或发育不良。

此病系一种慢性病。据观察，发病5年以内寄主往往生长很旺，然后受根癌的抑制，直至死亡。因此，发病初期往往被忽略。

三、浆果类果树病害

1. 葡萄霜霉病

葡萄霜霉病是世界性病害，为葡萄产区的重要病害。病害严重时，病叶焦枯早落，病梢生长停滞、扭曲、枯死。果实染病后期引起大量落果，严重地影响产量和品质。

(1) 病害症状

1) 主要危害部位。叶片，也危害新梢和幼果。

2) 叶片症状。早期，叶正面出现不规则水渍状斑块，边缘不清晰，浅绿色至浅黄色。病斑互相融合后，形成多角形大斑，叶背面出现白色霜状霉层。后期，病斑变为黄褐色或褐色干枯，边缘界限明显，病叶常干枯早落。

3) 幼嫩新梢、穗轴、叶柄症状。初期出现水渍状斑点，逐渐变为黄绿色至褐色微凹陷的病斑，表面生白色霜状霉层，病梢生长停滞、扭曲，严重时枯死。

4) 果实症状。果实多在初期染病，幼果染病后，病部褪色并变成褐色，表面生白色霉层，最后萎缩脱落。较大果粒感病时，呈现红褐色病斑，内部软腐，最后僵化开裂。

(2) 发生规律。病菌以卵孢子形式在病组织中或随病叶在土壤中越冬，卵孢子寿命很长，在土壤中能存活 2 年以上。来年环境条件适宜时，卵孢子长出芽管，芽管顶端长出芽孢子囊，再由芽孢子囊产生游动孢子。游动孢子借风雨传播到寄主叶片上，从气孔侵入为初次侵染。经过一定的潜育期，再产生孢子囊，进行再侵染。

2. 葡萄黑痘病

(1) 病害症状

1) 主要危害部位。主要危害葡萄的绿色幼嫩部位，如果实、果梗、叶片、叶柄、新梢和卷须等。

2) 叶片、叶脉症状。开始出现针头大红褐色至黑褐色斑点，周围有黄色晕圈。后期，病斑扩大呈圆形或不规则形，中央灰白色，稍凹陷，边缘暗褐色或紫色，直径1～4毫米，干燥时病斑自中央破裂穿孔，但病斑周缘仍保持紫褐色的晕圈。叶脉上病斑呈梭形，凹陷，为灰色或灰褐色，边缘暗褐色。叶脉被害后，由于组织干枯，常使叶片扭曲、皱缩。

3) 幼嫩新梢、穗轴症状。穗轴发病使全穗或部分小穗发育不良甚至枯死。果梗患病可使果实干枯脱落或僵化。

4) 果实症状。绿果被害，初为圆形深褐色小斑点，后扩大，直径可达 5～8 毫米，中央凹陷，灰白色，外部仍为深褐色，两周缘紫褐色似“鸟眼”状。多个病斑可连接成大斑，后期病斑硬化或龟裂。病果小而酸，失去食用价值；染病较晚的果实仍能长大，病斑凹陷不明显，但果味较酸。病斑限于果皮，不深入果肉。空气潮湿时病斑上出现乳白色的黏质物，此为病菌的分生孢子团。

（2）发生规律。病菌主要以菌丝体形式潜伏于病蔓、病梢等组织中越冬，也能在病果、病叶和病叶痕等部位越冬。病菌生活力很强，在病组织中可存活 3～5 年之久，第二年 4—5 月间产生新的分生孢子，借风雨传播。孢子发芽后，芽管直接侵入寄主，引起初次侵染。侵入后，菌丝主要在表皮下蔓延。以后在病部形成分生孢子盘，突破表皮，在湿度大的情况下，不断产生分生孢子，进行重复侵染。病菌近距离的传播主要靠雨水，远距离的传播则依靠带病的枝蔓。

3. 葡萄白腐病

葡萄白腐病又称腐烂、水烂、穗烂病，是葡萄的重要病害之一。我国北方产区一般年份果实损失率在 15%～20%，病害流行年份果实损失率达到 60%以上。

（1）病害症状

1）主要危害部位。白腐病主要危害果穗，也危害新梢、叶片等部位。

2）果穗症状。先发生在接近地面的果穗尖端，首先在小果梗或穗轴上发生浅褐色、水渍状、不规则病斑，逐渐蔓延至整个果粒。果穗成熟前，病果粒略带黄色，外观不饱满，病菌的分生孢子器使寄主表皮层隆起，但不破裂，病果粒苍白色，最终脱落。

3）果粒症状。果粒发病，先在基部变为淡褐色软腐，并迅速使整果变褐腐烂，果面密布白色小粒点（即病菌的分生孢子器），严重发病时常全穗腐烂，果穗及果梗干枯缢缩，受震动时病果甚至病穗极易脱落。有时病果不落，而失水干缩成有棱角的僵果，悬挂树上，长久不落。

4）新梢症状。新梢发病，往往出现在损伤部位（如摘心部位或机械伤口处）。从植株基部发出的徒长枝，因组织幼嫩，很易造成伤口，发病率高。病斑呈水渍状，淡褐色，不规则，并具有深褐色边缘的腐烂斑。病斑纵横扩展，以纵向扩展较快，逐渐发展成暗褐色、凹陷、不规则形状的大斑，表面密生灰白色小粒点。病斑环绕枝蔓一周时，其上部枝、叶由绿变黄，逐渐枯死。病斑发展后期，病皮呈丝状纵裂与木质部分离，如乱麻状。

（2）发生规律。病菌主要以分生孢子器和（或）菌丝体形式随病残体遗留于地面和土壤中越冬。分生孢子靠雨水溅散而传播，通过伤口侵入，引起初次侵染。以后又于病斑上产生分生孢子器及分生孢子，分生孢子散发后引起再侵染。

4. 葡萄穗轴褐枯病

葡萄穗轴褐枯病又称穗烂病，是近年来葡萄生产中的重要病害之一。病害流行年份果实损失率可达 60%以上。

（1）病害症状

1）主要危害部位。白腐病主要危害葡萄穗轴，从而导致果粒干缩腐烂。

2）穗轴症状。病斑呈水渍状，淡褐色，不规则，并具有深褐色边缘的腐烂斑。病斑扩展较快，病斑环绕穗轴一周时，全穗腐烂，果穗及果梗干枯缢缩。

（2）发生规律。病菌主要以分生孢子器和（或）菌丝体形式随病残体遗留于地面和土壤中越冬。分生孢子靠雨水溅散而传播，通过伤口侵入，引起初次侵染。以后又于病斑上产生分生孢子器及分生孢子，分生孢子散发后引起再侵染。

5．葡萄炭疽病

（1）病害症状

1）主要危害部位。主要危害果实，也危害穗轴、叶片、叶柄和新梢。

2）果实症状。果实大多在着色后接近成熟时开始发病，果面上出现淡褐色至紫褐色、水浸状斑点，圆形或不规则形；病斑逐渐扩大，变为褐色至黑褐色，略凹陷，果肉腐烂；后长出轮纹状同心轮纹排列的黑色小粒点，天气潮湿时，溢出粉红色黏质团。果粒变褐软腐，易脱落。

3）穗轴、叶柄、新梢症状。产生深褐色至黑褐色病斑，椭圆至不规则短条状，凹陷；潮湿时也出现粉红色黏稠状物。叶片受害多在叶缘产生近圆形病斑，形成盘状无性繁殖结构。其他绿色组织如新蔓、嫩叶、卷须等受害，多呈潜伏侵染，不表现病害症状。

（2）发生规律。病菌主要在1年生枝蔓表层组织和叶痕、节部越冬；存留在架面的枯枝、病果也是残留越冬病菌的场所。到来年产生孢子，随风雨或昆虫传播，在幼果期侵染果穗和枝梢。炭疽病菌侵染果实有潜伏侵染现象，侵入后在幼果期不发病，到果实着色时才陆续出现症状。晚熟品种、皮薄的品种一般发病较多，巨峰、龙眼、黑奥林等均易感病。

6．葡萄褐斑病

（1）病害症状

1）危害部位。主要危害叶片。

2）叶片症状。病斑分为大褐斑（直径3～10毫米）和小褐斑（直径2～3毫米）。病斑褐色不规则形，病斑背面生有黑色霉层。病斑紫褐色，近圆形，严重时病叶变黄，早落。

（2）发生规律。以菌丝体和分生孢子形式在病落叶上越冬，分生孢子借风雨传播，从叶背气孔入侵，多雨地区和多雨年份发病重。

7．葡萄水罐子病

葡萄水罐子病也称转色病，在玫瑰香等品种上尤为严重。

（1）病害症状

1）危害部位。主要危害果实。

2）果实症状。一般在果实着色后才表现病害症状。发病后有色品种着色不正常，色泽淡；白色品种表现为果粒水泡状，糖度低，味酸，果肉变软，果皮与果肉极易分离，成为一包酸水。用手轻捏，水滴成串溢出，故有水罐子病之称。发病后，果柄与果粒处易产生离层，极易脱落，病因主要是营养不足和生理失调。

（2）发生规律。树势弱，摘心重，负载量过多，肥料不足或有效叶面积小时，该病容易发生；地下水位高，成熟期遇雨，特别是高温后遇雨，田间湿度大，此病尤为严重。

8. 葡萄日灼病

（1）病害症状

1）危害部位。主要危害果穗。

2）果穗症状。主要发生在穗肩和果穗向阳面，果实受害时，向阳面形成水浸状烫伤淡褐色斑，微凹陷。受害处易遭受其他病菌（如炭疽病菌等）的浸染，是一种典型的外因引发的生理病害。

（2）发生规律。果穗缺少荫蔽，在日光暴晒下，果粒表面局部高温失水，发生日灼所致。品种间发生日灼的轻重程度不同，白玫瑰、保尔加尔、红大粒、瓶儿、藤稔等粒大皮薄的品种日灼病严重，篱架明显重于棚架。

四、干果类病害

1. 柿子叶斑病

柿子叶斑病的病原是真菌，包括柿子角斑病和柿子圆斑病两种。

（1）病害症状

1）危害部位。主要危害叶片。

2）叶片症状。柿子角斑病引起叶片病斑褐色，多角形，严重时病叶变黄，早期脱落。柿子圆斑病的叶片正面病斑近圆形，中央褐色，边缘黑色，外围有黄晕，引起早期落叶。

（2）发生规律。病菌以菌丝体和分生孢子形式在病落叶上越冬，分生孢子借风雨传播，从叶背气孔入侵，多雨地区和多雨年份发病重。

2. 柿子疯病

属于病毒类病害，主要危害叶片、枝条、韧皮部、木质部及果实。病株枝条丛生，萌芽晚，展叶迟。叶脉、芽眼下面变黑。韧皮部、木质部变黑。果面凹凸不平，凹陷部位果肉变黑。

3. 枣疯病

属于病毒类病害，严重的导致绝产。发病症状包括病树出现枝叶丛生症状，病树叶片小，黄化；花柄伸长变为枝叶；芽萌发不正常，表现为正芽萌发；树干根生疯蘖；果实呈花脸状。

4. 枣锈病

枣锈病主要危害叶片和新梢，严重时引起早期落叶。叶片受害后，开始在叶正面形成橙黄色有光泽的小斑点，数目不等。后逐渐扩大为近圆形橙黄色病斑，背面散生许多黄褐色孢子堆。

5. 枣烂果病

枣烂果病由多种真菌和细菌复合侵染所致，在枣产区，多雨年份发病率达到40%～90%，造成严重的损失。病害症状有以下几种：

(1) 黑斑型。叶、果、枝均发病，病斑中间黑褐色，呈轮纹状坏死型；边缘有红褐色晕圈（弱树发病重）。为真菌和细菌病原复合侵染所致。

(2) 软腐型。为红褐色、不规则坏死斑块，皮层下组织黏状腐烂，后期病组织干缩失水、成为空洞，仅剩皮层，主要是细菌类病原危害所致。

(3) 灰褐型黑斑病。病斑中间黑褐色，略凹陷，有时呈轮纹状；边缘有灰褐色水浸状晕圈，弱树发病重。为细菌和真菌病原复合侵染所致。

(4) 溃疡型。为褐色、不规则、凹陷腐烂斑，深入果实组织内部，直达核，腐烂组织呈黏稠状，成熟前发生，由细菌和真菌病原复合侵染。

(5) 疱疹型果。由绿盲蝽刺吸造成，果实在生理落果期基本全部脱落。

6. 枣缩果病

营养元素钙、硼缺乏症。主要症状为叶片、新梢皮层下部分果肉褐色绵状坏死，内部部分果肉褐色绵状坏死，或者木栓化苦痘。缩果病一般在5年生以上的果园开始发生，随着树龄的增长，发生危害加重；盐碱化相对严重的果园病害发生早且重。

7. 核桃白粉病

可危害叶片、果实、嫩枝等绿色部位，果树萌芽后，春、秋季节新梢生长期发病。主要为活体寄生菌引起的病害。

(1) 病害症状

1) 危害部位。可危害叶片、果实、嫩枝等部位。

2) 幼叶及新梢症状。病叶表面产生白色粉状物，病叶褪绿、畸形、矮缩，病部表面布满白色粉状物，病害在春秋梢形成期危害最重。

3) 幼果症状。病果皮层褪绿、畸形，形成白色粉状物，严重时导致裂果。

(2) 发生规律。病菌以菌丝体和闭囊壳形式在树体的芽、芽痕等部位越冬，主要以菌丝体形式越夏。一般情况下顶芽带菌率最高，因此，萌芽时即可受害发病。病原的孢子经气流、风等传播，病原芽管可直接侵入寄主细胞中，产生吸器。侵入寄主后，病原潜育期较短，一般3～5天就可出现症状。分生孢子可引起多次再侵染。一般认为春季干旱少雨、秋季秋高气爽、夏季多雨气温低的环境下，病害发生重。果园密集通风不良，管理粗放，病害发生重。

8. 核桃斑点病

核桃斑点病是我国核桃产区普遍发生的病害之一。

（1）病害症状

1）主要危害部位。主要危害叶片、果实和枝条。

2）叶片症状。病叶正面散生大小不一、多形态的褐色病斑。

3）果实症状。初期果面散生许多褐色斑点，后期病斑连成大片状。

4）枝干症状。产生长条形深褐色至黑褐色病斑，病组织凹陷。

（2）发生规律。病菌主要在1年生枝蔓表层组织和叶痕、节部越冬；存留在架面的枯枝、病果也是残留越冬病菌的场所。到来年产生孢子，随风雨或昆虫传播。

9．核桃炭疽病

核桃炭疽病是我国中部和南方葡萄产区普遍发生的病害，除了危害核桃外，病害还在苹果、梨等多种果树上发生。

（1）病害症状

1）主要危害部位。主要危害果实，也危害小枝干。

2）果实症状。表面病斑凹陷，斑面有粉红色霉层呈轮纹状排列，后分泌黏液；后期果皮干缩，病斑开裂，严重时形成僵果。

3）小枝干、新梢症状。产生深褐色至黑褐色病斑，椭圆至不规则短条状，病组织凹陷；病斑上部枝条枯死，表面产生黑色点状物（子实体）。

（2）发生规律。病菌主要在1年生枝蔓表层组织和叶痕、节部越冬，存留在架面的枯枝、病果也是残留越冬病菌的场所。来年产生孢子，随风雨或昆虫传播。炭疽病菌侵染果实有潜伏侵染现象，侵入后在幼果期不发病，到果实着色时才陆续出现症状。

10．核桃黄叶病

营养元素铁缺乏症。主要危害叶片。病叶发病初期叶肉变黄，叶脉为绿色，呈绿色网纹状；中期支脉开始变黄，后期叶片变白，边缘开始焦枯。

第五节　果树主要病害的防治技术

培训目标 → 能够熟练掌握果树主要病害的防治技术

一、仁果类果树病害

1．梨黑星病的防治措施

（1）加强果园管理。梨树生长衰弱，易被病菌侵染。因此，要增施肥料，特别是有机肥料，可增强树势，提高抗病力。

（2）药剂防治。应在梨树接近开花前和落花 70%左右时各喷一次药，以保护花序、嫩梢和新叶。以后根据降雨情况，每隔 15～20 天喷药一次，先后共喷 4 次。在北方梨区，一般第一次喷药在 5 月中旬（白梨萼片脱落后，病梢初现期），第二次在 6 月中旬，第三次在 6 月末至 7 月上旬，第四次在 8 月上旬。药剂一般用 12.5%特普唑或烯唑醇可湿性粉剂 2 000～2 500 倍液、40%福星 8 000 倍液防治效果较好。

2. 梨锈病的防治措施

（1）栽培措施。砍除桧柏是防治梨锈病最彻底有效的措施。梨锈病担孢子传播范围一般在 1.5～5 千米内，故砍除梨园周围 5 千米内桧柏和龙柏等转主寄主，就能基本保证梨树不发病。

（2）喷药保护。如梨园近风景区或绿化区，桧柏不宜砍除时，可喷药保护梨树，或在桧柏上喷药，杀灭冬孢子。桧柏上喷药应在 3 月上中旬进行，以抑制冬孢子萌发产生担孢子。

（3）防治时期。梨树上喷药，应掌握在梨树萌芽期至展叶后 25 天内喷药，以保护花序、嫩梢和新叶。北方梨区生长季节，一般在 5 月中旬（白梨萼片脱落后，病梢初现期），第二次在 6 月中旬，第三次在 6 月末至 7 月上旬，第四次在 8 月上旬。

单元 3

（4）药剂种类。15%粉锈宁乳剂 2 000 倍液，或者选用同梨黑星病使用药剂。每隔 10 天左右喷 1 次，连续喷 3～4 次，雨水多的年份应适当增加喷药次数。

3. 梨黑斑病的防治措施

（1）栽培措施。加强栽培管理。合理施肥或增施有机肥，增强梨树的抗病力。对地势低洼、排水不良的果园应做好排水工作。对历年发病重、树冠郁闭的果园，冬季宜重剪，可剪除病梢，促进通风透光，摘除病果可减少再侵染，降低病果率。搞好果园卫生。冬季结合修剪剪除病枝，清除果园内落叶、落果并集中烧毁。

（2）喷药保护。花后 4～7 天，每隔 15～20 天喷 1 次药以保护叶片和果实，药剂可用（50～100）$\times 10^{-6}$多氧霉素，65%代森锌可湿性粉剂 500 倍，50%多菌灵或福美双可湿性粉剂 600～800 倍液，或敌菌丹 1 000～1 500 倍液等。为了防止药液被雨水淋失，可在药剂中加入助杀灵等渗透剂。

4. 梨轮纹病的防治措施

（1）栽培措施。加强果园管理，壮树抗病，合理修剪，调节树体负载量，控制大小年发生；以腐殖酸钙、有机肥、绿肥为主，辅以化学肥料，进行秋施肥。增强树势，提高树体抗病力。搞好果园卫生，减少菌源数量。及时剪除病枝，摘掉病果，修剪下来的病残枝干等集中深埋。

（2）枝干喷药保护。果实采收后至萌芽前喷布较高浓度的杀菌剂，防治效果很好。药剂可用抗菌新星可湿性粉剂 50～100 倍液，10%保绿水剂 800～100 倍液，枝干轮腐净500～600倍液。

（3）病部治疗。枝发病初期，及时刮除病部，坚持刮早、刮小、刮了的原则，刮毕彻底清除病皮。而后涂以杀菌剂消毒，选用药剂同枝干喷药保护。

（4）生长季节药剂种类。生长季药剂保护及治疗在落花后开始进行。药剂主要有50％苯菌灵或保绿素可湿性粉剂800～1 000倍液，40％福星乳油7 000～10 000倍液，50％多菌灵可湿性粉剂600倍液或90％疫霜灵可溶性粉剂600倍液。

5. 苹果、梨白粉病的防治措施

（1）栽培措施。结合冬季修剪，剪除病枝、病芽，清除病原。早春果树发芽时，及时摘除病芽、病梢。

（2）药剂防治。一般于花前及花后各喷一次杀菌剂。防治白粉病有效的药剂有12.5％烯唑醇可湿性粉剂800倍液，40％福星7 000～8 000倍液，15％粉锈宁乳剂2 000倍液。

6. 腐烂病的防治措施

（1）栽培措施。结合冬季修剪，剪除病枝、病芽，清除病原。早春果树发芽时，及时摘除病芽、病梢。

（2）药剂防治。同梨轮纹病。

（3）病部治疗。枝发病初期，及时刮除病部，坚持刮早、刮小、刮了的原则，刮毕彻底清除病皮。而后涂以杀菌剂消毒，选用药剂同梨轮纹病。

7. 梨干枯病的防治措施

（1）栽培措施。结合冬季修剪，剪除病枝、病芽，清除病原。早春果树发芽时，及时摘除病芽、病梢。

（2）药剂防治。同腐烂病。

（3）病部治疗。枝发病初期，及时刮除病部，坚持刮早、刮小、刮了的原则，小枝发病及时剪除。

8. 梨褐腐病的防治措施

（1）栽培措施。提高树体的抗病能力。注意果园的通风透光和排水，增施腐殖酸钙、有机肥和绿肥，可减少伤口和传播机会，减轻病害发生。有条件套袋的果园套袋以保护果实。

（2）药剂防治。为防止果实裂口，采收运输途中尽量减少伤口。果实成熟期喷施保绿（氨基酸络合铜）500倍、70％的甲基托布津700～800倍、50％多菌灵600～800倍。

（3）加强储藏和运输期间的管理。果实采收、储运时应尽量避免造成伤口，减少病菌在储运期间的侵染；发现病果，及时检出处理。用50％果实保鲜剂100～200倍液浸果，防效较好，可使病菌扩展减慢。

9. 苹果炭疽病的防治方法

(1) 喷布铲除剂。在剪除病弱枝条、干枯果台和僵果等清除病源的基础上，于萌芽前喷布150倍左右80%五氯酚钠，二硝基邻甲酚钠200倍液或100倍40%福美砷液，以铲除树体上宿存的病菌。

(2) 搞好测报，喷好封闭药。在炭疽病发病中心选择3～5株前一年发病重的植株，从6月开始，每隔3～5天调查一次果实，如果发现病果，说明已开始发病。将全园普查一遍，若发现别的园片也有病果，就需要全园喷药进行防治；若别园没有发病，只是发病中心个别植株发病，就将个别植株摘净病果，单独喷药进行封闭，防止向外扩散蔓延，可收到良好效果。全园何时喷药，根据调查测报决定。

(3) 注意事项。喷药前一定要先摘净病果再喷药，带病果喷药就会造成病菌传播，增加感病。防治该病，如前期病轻，喷布波尔多液预防较好；后期发病可用退菌特、多菌灵或托布津等治疗。药中要加展着剂6501或皮胶。发病重的园片可于6月上旬套袋防病。套袋前应先喷一次杀菌剂。石灰倍量式波尔多液的配制（硫酸铜∶石灰∶水为1∶2∶200）。波尔多液质量的好坏和配制方法有密切关系。一般常用“两液同时倾入法”配制，即把硫酸铜和生石灰分别放在两个容器中，各用半量的水化开，然后同时将硫酸铜溶液和石灰乳慢慢倒入第三个容器中，边倾倒边搅拌即成。采用“五一”法配制的波尔多液，悬浮性更好。方法是用5/6的水量溶解硫酸铜，用1/6的水量调制石灰乳，然后把硫酸铜溶液慢慢倒入浓石灰乳中，不断搅拌即成。无论采用哪种配法，都不能把石灰乳倒入硫酸铜溶液中，因为这样配成的波尔多液，质量最差，很容易沉降。配好的波尔多液不宜搁置，也不能加水稀释后应用。

二、核果类病害

1. 桃、杏疮痂病的防治措施

应于果实膨大前、病害初发生时使用烯唑醇、腈菌唑等三唑类药剂进行防治。

2. 桃、李、杏穿孔病的防治措施

于萌芽期、幼果期、果实膨大期使用新型抗细菌病害的产品效果良好，如VBS、青霉素、新植霉素、水合霉素、农用链霉素等交替使用。

3. 桃炭疽病的防治措施

(1) 栽培措施。养根壮树、配方施肥、根系修剪是丰产优质的基础，同时农事操作时尽量减少枝干伤口，防治枝干害虫，预防冻害和日灼。

(2) 药剂防治。同桃、李、杏穿孔病。

4. 桃、李、杏流胶病的防治措施

(1) 栽培措施。同桃炭疽病。

(2) 药剂防治。同桃、李、杏穿孔病。

5. 桃缩叶病的防治措施

（1）栽培措施。加强桃园管理、清除初侵染来源；养根壮树、配方施肥、根系修剪是丰产优质的基础。

（2）药剂防治。在发病严重的地块应及时追肥、灌水，增强树势，提高植株的抗病力；在病叶表面尚未形成白色粉状物前及时摘除病叶，以减少传染的菌源；药剂用80%代森锰锌可湿性粉剂500倍液或40%克瘟散乳油1 000倍液交替使用。

6. 桃腐烂病防治措施

（1）栽培措施。加强栽培管理，增施有机肥，培育壮树，提高树体抗病能力。结合冬季修剪，剪除病枝、病芽，清除病原。

（2）药剂防治。同梨轮纹病。

（3）病部治疗。发病初期，及时刮除病部，坚持刮早、刮小、刮了的原则，刮毕彻底清除病皮。而后涂以杀菌剂消毒，选用药剂同上。

7. 杏褐斑病的防治措施

（1）清洁果园。休眠期清园，清除病枯枝和病果穗。

（2）药剂防治。同葡萄褐斑病。

8. 李子褐腐病的防治措施

（1）栽培管理措施。清除树上、树下病僵果，深埋。防止果实裂口，采收运输途中尽量减少伤口。

（2）药剂防治。果实成熟期喷施70%的甲基托布津700～800倍、50%多菌灵600～800倍、氨基酸络合铜500倍。

9. 根癌病的防治方法

应以预防为主、治疗为辅，首先注意检疫，对于有病的苗木绝对禁止出圃和调运，从外地购进的苗木用0.1%升汞水或相对密度为1.036（5波美度）的石硫合剂消毒；已发病的大树可切除癌瘤，然后用石灰乳、波尔多液涂抹伤口，同时还要将癌瘤周围的土壤挖出，换上新土。

三、浆果类果树病害

1. 葡萄霜霉病防治措施

防治该病应采取清洁果园、加强栽培管理和药剂保护相结合的综合防治措施，方能收效。

（1）清洁果园。及时收集并销毁带病残体，特别应在晚秋彻底清扫落叶，烧毁或深埋，减少越冬的菌源。

（2）加强栽培管理。合理修剪，尽量剪去接近地面不必要的枝蔓，使植株通风透光良好，降低空气湿度，以减少病菌初侵染的机会。适时灌水，雨季注意排水。增施磷、钾肥，避免偏施氮肥，以提高植株的抗病力。

（3）药剂保护。在发病重的地区，于葡萄发病前喷布烯酰吗啉（如金博克），对葡萄霜霉病有特效。另外，可用58%甲霜灵锰锌可湿性粉剂600～800倍液，90%乙磷铝可湿性粉剂600倍液，69%安克锰锌可湿性粉剂1 500倍液。上述药剂交替使用，隔15～20天喷1次，根据发病情况连续喷药2～4次。

2. 葡萄黑痘病的防治措施

（1）选育抗病品种。葡萄品种间的抗病性差异很大，故可选育园艺性状良好而又抗病的品种栽培。

（2）清洁果园。秋季葡萄落叶后清扫果园，将地面落叶、病穗扫净烧毁。冬季修剪时，仔细剪除病梢，摘除僵果，刮除主蔓上的枯皮，并收集烧毁。然后在植株上全面喷射1次铲除剂，以杀死枝蔓上的越冬病菌。葡萄发芽前喷射的铲除剂，可用0.5%五氯酚钠混合相对密度为1.021（3波美度）的石硫合剂，或10%硫酸亚铁加1%粗硫酸。这一工作是预防黑痘病发生的重要环节，如做得仔细彻底，就能大大减少越冬病原，提高第二年喷药保护的效果。

（3）喷药保护。葡萄展叶后至果实着色前，每隔10～15天喷药1次。其中以开花前及落花70%～80%时喷药最重要。因这段时间果实易感病，发病率最高。药剂可用1∶0.7∶（200～240）波尔多液、65%代森锌可湿性粉剂500～600倍液、50%多菌灵可湿性粉剂1 000倍液或75%百菌清可湿性粉剂600倍液。代森锰锌600倍液、1.5%多抗霉素800倍防治黑痘病效果很好。

单元 3

3. 葡萄白腐病的防治措施

（1）清洁果园。秋季采后搞好清园工作，彻底清除病原；生长季节及时摘除病果、病叶，剪除病蔓。

（2）加强栽培管理和施肥方法

1）提高结果部位。由于病害初次侵染源主要来自土壤，因此，要适当提高果穗离地面的距离，以减少病菌侵染的机会。

2）及时摘心、绑蔓、剪副梢，使枝叶间通风透光良好，不利病菌蔓延。

3）增施有机菌肥，增强树体的免疫能力，搞好果园排水工作，以降低田间湿度。

（3）药剂防治。应掌握花期前后始发期开始喷第一次药，以后每隔10～15天喷1次。药剂可用80%代森锌可湿性粉剂800～1 000倍液、50%福美双或福美锌可湿性粉剂600～800倍液、70%甲基托布津可湿性粉800倍液、50%多菌灵可湿性粉剂800倍液、75%百菌清可湿性粉剂500～800倍液。喷药时，如逢雨季，可在配制好的药液中加入助杀灵等展着剂，以提高药液黏着性。

4. 葡萄穗轴褐枯病的防治措施

（1）清洁果园。同葡萄白腐病。

（2）加强栽培管理和施肥方法。同葡萄白腐病。

（3）药剂防治。同葡萄白腐病。

5. 葡萄炭疽病的防治措施

（1）清洁果园。休眠期清园，清除病枯枝和病果穗，及时绑蔓、打副梢和锄草，增进通风透光，降低园中湿度。

（2）药剂防治。5 月下旬至 6 月中下旬喷药预防侵染，每间隔 15 天喷施 1 次。使用药剂有 75%百菌清可湿性粉剂 600～800 倍液、50%多菌灵粉 800 倍液、80%代森锌可湿性粉剂 800～1 000 倍液、50%福美双或福美锌可湿性粉剂 600～800 倍液、70%甲基托布津可湿性粉 800 倍液、比例为 1：0.5：240 的波尔多液等杀菌剂。喷药时，如逢雨季，可在配制好的药液中加入助杀灵等展着剂，以提高药液黏着性。

6. 葡萄褐斑病的防治措施

（1）清洁果园。同葡萄白腐病。

（2）药剂防治。自花后开始，每间隔 7～10 天用药 1 次，主要药剂有多抗霉素（宝丽安）、氨基酸铜（保绿素）、代森锰锌、代森锌等。喷药时，如逢雨季，可在配制好的药液中加入助杀灵等展着剂，以提高药液黏着性。

7. 葡萄水罐子病的防治措施

主要通过加强栽培管理措施进行防治。

（1）加强土肥水管理。增施有机肥和根外喷施磷肥和钾肥，适时适量施氮肥，勤除草，勤松土。

（2）加强夏季修剪。控制负载量，合理控制单株果实负载量，增加叶果比；调节主副梢生长，主梢叶片是一次果所需养分的主要来源，在留第二次果情况下，二次果常与一次果争夺养分，由于养分不足常产生水罐子病。另外，一个果枝上留两个果穗时，下部果穗易发生水罐子病。应采用疏穗的方法，一枝留一穗果可减少该病的发生。

8. 葡萄日灼病防治措施

（1）加强夏季修剪。夏剪时，果穗附近多留叶片以遮盖果穗，在生产上需要疏除老叶的品种，尽量保留遮蔽果穗的叶片。

（2）加强套袋管理。对易发生日灼的品种，尽早套袋以防日灼，但要注意果袋的透气性，对透气不良的果袋可剪去袋下方一角，促进透气。

四、干果类病害

1. 柿子叶斑病的防治措施

（1）清洁果园。同葡萄白腐病。

（2）药剂防治。同葡萄褐斑病。

2. 柿子疯病的防治措施

（1）栽培措施。通过科学配方施肥提高树体免疫力和抗病力，致使病毒处于隐症状态（即显性转为隐性）。

（2）清除病毒株。果园刚刚发现有病果的病株时，应立即清除病株，对外围疑似病树进行挖沟隔离，阻止病毒病害的扩展传染。

（3）药剂防治。于萌芽期、花前、花后果实生长期喷施植毒一号、病毒康泰等药剂1～3次，钝化病毒，促进病毒尽快进入潜隐状态。

3．枣疯病的防治措施

（1）清除病毒株。同柿子疯病。

（2）防治传病叶蝉。在山东中、南部，可于4月下旬、5月中旬、7月中旬喷菊酯类农药，消灭传病虫媒——中华拟菱叶蝉，防治传病叶蝉。

（3）培育无病苗木。在无病枣园中采取接穗、接芽或分根进行繁殖。在苗圃中一旦发现病苗，就立即拔除。利用组织培养脱毒技术，可以获得不含植原体的健康枣苗。

（4）选用抗病砧木。可选用抗病酸枣品种和具有枣仁的抗病大枣品种作为砧木，以培育抗病枣树。

（5）加强枣园肥水管理。对土质条件差的，要进行深翻扩穴，增施有机肥料，改良土壤理化性质，促使枣树生长健壮，提高抗病力。

4．枣锈病的防治措施

（1）栽培措施。砍除桧柏是防治锈病最彻底有效的措施。锈病担孢子传播范围一般在1.5～5千米内，故砍除枣园周围5千米内桧柏和龙柏等转主寄主，就能基本控制发病。

（2）防治时期。应掌握在树萌芽期至展叶后25天内喷药，以保护花序、嫩梢和新叶，即在担孢子传播侵染的盛期进行。

（3）药剂种类。同梨锈病。每隔10天左右喷1次，连续喷3～4次，雨水多的年份应适当增加喷药次数。

5．枣烂果病的防治措施

（1）加强肥水管理。提高树势、增强免疫力是基础。建议枣园以大量施用生物有机肥为主，平衡施肥，以5年生树体为例，生物有机肥（含土杂肥）用量每株50千克以上、腐殖酸中微肥5千克及其他复合肥5千克，杜绝使用纯鸡粪以及未经腐熟的鸡粪等生肥。

（2）药剂使用。建议选用针对冬枣病害病原（细菌类、真菌类）有良好防治效果的无公害、生物农药产品，如VBS水剂、保绿水剂、菌病力克水剂、保绿素粉剂等。

6．枣缩果病的防治措施

主要通过加强肥水管理防治。

增施有机肥和活化腐殖酸肥钙硼类的肥料（如腐殖酸钙、施果多等）改良土壤，使土壤中不溶性的硼转化为可溶性利于核桃树的吸收和利用。叶面喷雾用含有钙硼的叶片肥，如钙硼 651、钙硼双补等。

7. 核桃白粉病的防治措施

（1）栽培措施。合理密植，疏除过密枝和纤细枝，增施有机肥，结合冬剪，及时清除病原病残体，减少初侵染。

（2）药剂防治。春秋初发病时，用药保护与治疗。药剂有 12.5％烯唑醇 2 000 倍液、粉锈宁可湿粉 600 倍或乳油 2 000 倍；果树萌芽前可使用相对密度为 1.021～1.036（3～5 波美度）的石硫合剂药液、45％的多硫悬浮剂 500 倍液，药剂要交替使用。

8. 核桃斑点病防治措施

（1）清洁果园。同葡萄炭疽病。

（2）药剂防治。同葡萄炭疽病。

9. 核桃炭疽病防治措施

（1）清洁果园。同葡萄炭疽病。

（2）药剂防治。同葡萄炭疽病。

10. 核桃黄叶病防治措施

（1）增施有机肥和活化腐殖酸肥，改良土壤，使土壤中不溶性的铁转化为可溶性利于核桃树的吸收和利用的成分。

（2）叶面喷雾氨基酸铁等活性含有铁的叶片肥类。

第六节　主要果树虫害的识别

培训目标

→ 能够正确识别果树的主要害虫

一、仁果类果树虫害

1. 山楂叶螨

山楂叶螨又名山楂红蜘蛛，以受精的冬型雌性成螨在果树的翘皮、枝叉处或土缝中越冬。

（1）形态识别。雌成螨较大，体椭圆形，背部隆起。刚毛细长，基部无瘤。4 对足，黄白色，比体长短。越冬雌虫鲜红色，有光亮，夏季雌虫深红色，背面两侧有黑色斑纹。雄成螨体长较小，由第 3 对足起向后方逐渐变细，末端尖削。靠近第 2 对足基部的体背有较明显的浅沟。体背两侧有黑绿色斑纹。卵圆球形，淡红色和黄白色。幼螨初孵出时圆形，黄白色，取食后变为卵圆形、淡绿色，3 对足。若虫 4 对足，体背出现刚毛。

（2）危害症状。主要危害苹果、梨、桃、李、杏、山楂、樱桃等树的叶片，成螨、若螨和幼螨以刺吸式口器刺入叶组织吸食叶液，破坏叶绿素，使叶片呈现失绿斑点，严重时使叶片枯焦。山楂红蜘蛛喜在叶背面为害，在叶背面有吐丝织网习性，被害叶片失绿后很快脱落，苹果树发芽以后的嫩芽、花序被害后发黄、焦枯，严重时不能展叶、开花，极易成灾。山楂叶螨 1 年发生 6～9 代，4 月中下旬为出蛰盛期（金冠花蕾分离至初花期），为花前防治关键。

2. 苹果全爪螨

苹果全爪螨又名苹果红蜘蛛、短腿红蜘蛛。主要危害苹果树，其次是海棠、梨、桃、李、杏、樱桃等树种。

（1）形态识别。雌成螨体呈半卵圆形，深红色，取食后变成暗红色，整个体背隆起，刚毛粗长，基部有黄白色瘤。卵圆形稍扁，顶部有一短柄，夏卵橘红色，冬卵深红色。

（2）危害症状。以刺吸式口器吸食叶片组织汁液，破坏叶绿素。受害叶片正面出现许多失绿斑点，严重时叶片呈黄褐色，影响产量、果实品质和花芽形成，但一般不导致早期落叶，若控制住害螨，连续喷施数遍尿素液，叶片尚能恢复。苹果全爪螨 1 年发生 6～7 代，5 月中旬出现第一代成螨，一般 10～14 天可完成一代。

3. 二斑叶螨

二斑叶螨又名二点叶螨，俗称白蜘蛛，属蜱螨目叶螨科，是近几年来新发现的苹果重要害虫。其特点是寄主广，生长速度快，繁殖率高，抗药性强，防治困难，应引起重视。二斑叶螨除危害苹果外，还危害梨、桃、杏、山楂、葡萄、草莓等多种果树，也危害大田作物、蔬菜、花卉等，但以苹果、桃、花生、大豆受害较重。

（1）形态识别。雌成虫身体卵圆形，除越冬代滞育个体为橙红色外，均呈乳黄色或黄绿色。越冬代虫体当解除滞育后，体色随即变为夏型。该螨体躯两侧各有一块黑斑，其外侧 3 裂，内侧接近体躯中部呈横“山”字形。雄成虫身体略小，体末端尖削，体色与雌虫相同。幼螨和若螨身体均呈乳黄色或黄绿色。卵圆球形，初产时乳白色，近孵化时为乳黄色，多产在叶背面叶脉两侧。

（2）危害症状。以刺吸式口器吸取叶组织汁液，受害叶片初时出现白色失绿斑点，其后则呈现焦糊状，导致落叶。当虫口密度大时，该螨在叶面上结一层银白色丝网，或在新梢顶端群聚虫球，极易与其他两种果树害螨相区别。二斑叶螨 1 年最少发生 12 代。

4. 桃小食心虫

桃小食心虫简称桃小，又名桃蛀果蛾，是苹果产区的重要害虫。其寄主较多，寄生的主要树种有苹果、梨、山楂、枣、李、杏等。幼虫入果后，先在皮下潜食果肉，使果面凹陷，虫龄增大后在果内串食，并排粪于果内，形成“豆沙馅”。幼果受害后有时成畸形的“猴头果”，使果实失去经济价值。

（1）形态识别。成虫体长5～8毫米，翅展13～18毫米。复眼红褐色，前翅灰白色，近前缘中央有一个黑蓝色近三色形的大斑，斑上带有蓝色闪光，后翅灰色。卵近圆筒形，初产时淡红黄色，后变鲜红色或橘黄色。卵的顶部环生2～3圈“Y”状刺。幼虫体长13～16毫米，肥胖，纺锤形，头褐色，前胸背板深褐色，身体桃红色。蛹长6.5～8.6毫米，黄白色，近羽化时灰黑色，复眼红色。

（2）危害症状。幼虫蛀果时咬破果皮，在果面留下针尖大的蛀孔。蛀果后2天左右，从入果孔流出果胶珠，干涸成白色蜡粉。幼虫入果后，在果内纵横串食，直达果心，并排粪于果内，形成“豆沙馅”，果实不堪食用。幼虫老熟，多在果实胴部咬一直径为2毫米左右的圆形脱果孔，初期脱果孔外面常积有新鲜虫粪。桃小食心虫在山东1年发生1～2代，以老熟幼虫形式在土壤中结扁圆形茧越冬。

5. 苹果小卷叶蛾

苹果小卷叶蛾又称远东卷叶蛾，俗称“舐皮虫”，属鳞翅目卷叶蛾科。寄主很多，除危害苹果外，还危害梨、山楂、桃、李、杏及榆、杨、槐等树木，是卷叶虫中分布广、数量大、危害重的害虫。

（1）形态识别。成虫体长6.5～8.5毫米，全体黄褐色，前翅自前缘到后缘有两条深褐色斜纹，两前翅闭合时斜纹呈“V”形。卵椭圆形，淡黄色，后变黑褐色，每卵块有10粒至百余粒，呈鱼鳞状排列。幼虫体长1～18毫米，体态细长，初为淡绿色，老熟时变为翠绿色。头较小，淡黄色，极活泼，触之能进能退，放在手中活蹦乱跳。蛹长7～10毫米，黄褐色。

（2）危害症状。苹果小卷叶蛾幼虫舐食幼芽、嫩叶、花蕾和啃食果皮、果肉。苹果树展叶后，幼虫将叶片缀合在一起，卷成虫包，在包内啃食叶肉，将叶片咬成缺刻，严重时花蕾抱缩，不能开放。在有果的时候，幼虫常将叶片缀贴在果上，在其内啃食果皮、果肉，果面呈现许多小坑，严重影响果品质量。

苹果小卷叶蛾在山东1年发生3代，以幼龄幼虫形式在枝干粗皮裂缝、剪锯门、翘皮或吊枝绳、落叶等处结白色小茧越冬。

6. 顶梢卷叶蛾

顶梢卷叶蛾又名顶芽卷叶蛾，属鳞翅目，主要危害苹果、梨、海棠、桃等树种，是苹果苗木和幼树的主要害虫。

（1）形态识别。成虫是似麦粒大小的暗灰色蛾。幼虫体长8～9毫米，体态肥胖，灰白色，头、前胸背板、胸足都是漆黑色。蛹纺锤形，黄褐色，蛹外包有黄白色绒毛状茧。

（2）危害症状。顶梢卷叶蛾以幼虫在新梢顶端将数片幼叶吐丝缠缀包卷在一起，并利用叶背绒毛做成紧密的虫袋，藏于其中食害叶片和顶芽，影响苗木和幼树生长。被害叶苞冬季不落，极易发现。

植株受害程度与品种、树龄、树势、部位等因素有关。国光、元帅受害重，红玉、旭、倭锦则受害轻；树龄小比树龄大受害重；强树受害重于弱树；同一株树外围、上部比内膛、下部受害重。

顶梢卷叶蛾 1 年发生 2 代，以幼龄幼虫形式在被害顶梢虫苞内灰白丝质茧中越冬，少数在近顶端的侧芽旁作茧越冬。

7. 苹果瘤蚜

苹果瘤蚜又名卷叶蚜虫，属同翅目蚜虫科，主要危害苹果、沙果、海棠、山楂等树种。

(1) 形态识别。无翅胎生雌蚜体长 1.4～1.6 毫米，长纺锤形，体色绿或淡红褐色。身体短、大，头、胸紫黑色，腹部绿色，复眼暗红色，具有明显的额瘤。有翅胎生雌蚜体长 1.3～1.5 毫米，头、胸黑色，腹部淡绿色，头部具有明显额瘤。卵长椭圆形，初为绿色，后变黑绿色。

(2) 危害症状。苹果瘤蚜主要危害苹果树的幼芽、新梢、叶片，也危害幼果，以危害新梢、叶片最为严重。苹果瘤蚜吸食新梢、叶片汁液，叶片被害后，边缘向背后纵卷、皱缩，失去正常光合能力。幼果受害，出现微凹不齐的红斑。新梢被害，生长细长、扭曲，不能形成良好的芽体，影响生长发育，推迟结果，严重时 2～3 年可使树死亡。

8. 苹果黄蚜

苹果黄蚜又称苹果蚜虫、苹果腻虫，属同翅目蚜虫科，发生普遍，主要危害苹果、梨、桃、李、杏、沙果、海棠、樱桃、山楂等树种，是苹果苗木和幼树的重要害虫。

(1) 形态识别。无翅胎生雌蚜体长 1.4～1.8 毫米，黄绿色，复眼、蜜管均为黑色；有翅胎生雌蚜体略小，黄绿或绿色，头、胸、蜜管和尾片都是黑色。腹部两侧有黑斑，翅透明。卵椭圆形，漆黑色。若虫体鲜黄，触角、复眼、足均为黑色，蜜管很短。

(2) 危害症状。以刺吸式口器吸食嫩梢、幼叶汁液，被害新梢、叶片常常呈现花叶病斑症状，并向背面横卷，分泌蜜露，污染果实，影响苗木生长发育和幼树扩大树冠及花芽形成。

9. 苹果绵蚜

苹果绵蚜又称血色蚜虫，简称绵蚜，属同翅目绵蚜科，主要危害苹果，是国内外检疫对象之一。

(1) 形态识别。有翅胎生雌蚜体长 1.7～2.0 毫米，身体暗褐色，头及胸部黑色，体微被白色绵状物，翅透明。无翅胎生雌蚜体长 1.8～2.2 毫米，近椭圆形，赤褐色，被有白色蜡质绵状物。有性雌蚜体长约 1 毫米，淡黄褐色，腹部赤褐色，稍被绵毛。有性雄蚜体长约 0.7 毫米，黄绿色。卵椭圆形，长约 0.5 毫米，初产时橙黄色，后变为褐色，表面光滑，外覆白粉。若虫身体略呈圆筒形，褐色，喙细长，向后延伸，体被有白色绵状物。

（2）危害症状。苹果绵蚜在山东青岛地区全年发生 17～18 代，以 1～2 龄若虫形式在苹果树枝干的粗皮裂缝，瘤状虫瘿，腐烂病刮治的伤疤，透羽蛾、天牛、蚱蝉危害形成的伤口及剪锯口和根部的不定芽处群集越冬。

10. 苹果根绵蚜

苹果根绵蚜又称山楂卷叶绵蚜，属同翅目绵蚜科，除危害苹果外，也危害山楂和梨，还危害花生等农作物。

（1）形态识别。越冬卵孵化的无翅胎生雌蚜体长 1.4～2.2 毫米，体呈纺锤形，头小、胸部稍宽，腹部肥大。深灰绿色，上覆白色绵毛。根部无翅胎生雌蚜体长1.4～1.6 毫米，纺锤形，腹部肥大，身体灰白色，被有白色蜡质长毛。有翅胎生蚜体长1.3～1.5 毫米，翅展 4 毫米左右，长椭圆形，头部灰黑色，胸部黑褐色，腹部灰黄绿色，后变灰褐色，覆有白色蜡粉，翅白色，半透明。有性雌蚜体长 0.6～0.76 毫米，长椭圆形，淡黄褐色，身体微覆白色蜡粉，腹部长大，腹内有一个长形卵隐约可见；卵长圆形，呈黄褐色，有光泽，外部附有白色绵毛；若虫长圆形，绿白色，体后部有白色绵毛。

（2）危害症状。苹果根绵蚜危害苹果的叶片和根部。叶片受害后边缘向背面卷合；根系受害多发生在须根上，根部有白色蜡质棉絮状物，被寄生处变黑腐烂，但不产生肿疣，可与苹果绵蚜区别。受害苹果树生长衰弱，幼树推迟结果，大树产量下降。

苹果根绵蚜在山东 1 年发生 6 代，以卵形式在苹果或山楂枝干的粗皮裂缝、伤口等处越冬。

11. 苹毛金龟子

苹毛金龟子属鞘翅目金龟子科，分布很广，食性较杂，除危害苹果外，也危害梨、桃、板栗、核桃和榆、杨、柳等林木。山地果园和孤独的果园受害重，是花期重要害虫。

（1）形态识别。成虫体长 10 毫米、宽 5 毫米左右，身体除鞘翅和小盾片无毛外，都密披黄白色细茸毛。雄虫茸毛长而多。头、胸背面紫铜色，鞘翅茶褐色，半透明，有光泽。鞘翅上有纵列成行的细小点刻。腹部两侧生有明显的黄白色毛丛，腹部末端露在鞘翅外。

（2）危害症状。金龟子以成虫在苹果花期取食花蕾、花朵和嫩叶，将花序咬得残缺不全。咬碎花瓣，抠食花药，吃掉柱头，将花蕾抠成窟窿，甚至吃掉整个花朵，直接影响产量。其幼虫为害幼树根系，也是地下害虫。

苹毛金龟子 1 年发生 1 代，以成虫在地下 30～50 厘米深处越冬。

12. 黑绒金龟子

黑绒金龟子又称东方金龟子或天鹅绒金龟子，俗名“黑老婆”，属鞘翅目金龟子科，发生普遍，分布较广，食性复杂，除危害苹果外还危害梨、桃、李、葡萄、枣等多种果树和杨、柳、榆等林木，是早春果园重要的防治害虫之一。

（1）形态识别。成虫体长 8～9 毫米，卵圆形，全身黑色，有天鹅绒状毛及光泽。触角小，赤褐色，共 10 节。前胸背板和鞘翅上密布许多点刻。足黑色，腹部最后一对气门露在鞘翅外。

（2）危害症状。黑绒金龟子以成虫食害苹果嫩芽、花朵和幼叶。成虫发生量多，食量大，一旦发生，暴食为害，一个夜晚就可以啃净嫩芽，咬碎叶片，吃掉花蕾，对幼树、苗木危害极大。其幼虫以腐食为主，可兼食杂草幼根，不是地下重要害虫。

黑绒金龟子一年发生 1 代，以成虫在土壤中越冬。

二、核果类果树虫害

1. 桃蚜虫

（1）桃蚜又名桃赤蚜。越冬时的寄主是桃、山桃树，夏季寄主为十字花科、蔬菜和烟草。桃蚜危害的叶片变黄，向背面不规则卷曲，导致叶片干枯脱落。

（2）桃粉蚜又名桃粉绿蚜。第一寄主是桃、李、杏等树种，第二寄主是香蕉、芦柑等树种。以成蚜或若虫在叶背危害。被害叶向背面略作对合状，虫体分泌大量的白色蜡粉。严重影响树体正常生长。

（3）桃瘤蚜俗称蜜虫。第一寄主是桃、樱桃树，第二寄主是艾。成蚜和若蚜在叶背危害，被害叶边缘向背面纵卷，并肿胀，形似“虫瘿”，被害处呈淡绿色至紫红色。

2. 山楂叶螨

内容同仁果类果树虫害中山楂叶螨部分。

3. 苹小卷叶蛾

属鳞翅目卷蛾科，是危害桃树的主要害虫之一。一年发生 2~3 代，在桃树上的空间分布以上层为主，其次是中层，下层分布最少。以幼虫在枝干皮缝及剪锯口处越冬。春季果树萌芽时出蛰，以幼虫危害嫩叶、新芽，叶上出现纱网状和孔洞，坐果后将叶缀贴在果面上，啃食果皮和果肉，形成凹痕、疤果，严重影响桃果的外观质量。

4. 桑白蚧

又名桑盾介壳虫和桃白介壳虫，主要危害桃、杏、李、樱桃等核果类果树，是桃树的重要害虫。以受精雌成虫形式在枝干上越冬，上海地区一年发生 3 代。越冬雌虫于 4 月中旬开始产卵，三代若虫发生期分别为每年的 5 月上中旬、7 月上中旬和 9 月上中旬。雌成虫和若虫危害桃树新梢、枝干和果实，严重时整个枝条被虫覆盖起来，远看枝条呈灰白色，受害重的枝条发育不良，使树势严重衰弱，果实产量和品种大减，甚至整枝枯死。

5. 桃红颈天牛

俗称锯树郎、红脖子老牛，寄主以桃、李、杏、樱桃等核果类果树为主，为桃树重要害虫。以幼虫形式在枝干被害处越冬，一般3年完成一代。老熟幼虫5月间化蛹，成虫6月中下旬发生，6月下旬至7月上旬产卵，10月下旬幼虫开始越冬。幼虫蛀食桃树枝干皮层和木质部，造成枝干中空，削弱树势，叶片小而枯黄，降低产量，严重时造成枝干断裂，缩短果树寿命，甚至引起果树死亡。

三、浆果类果树虫害

1. 葡萄透翅蛾

葡萄透翅蛾又称葡萄透羽蛾，属鳞翅目透羽蛾科。幼虫蛀入嫩芽，蛀孔附近常堆有大量虫粪。幼虫危害髓部呈长的孔道，使顶端叶片枯萎死亡。当幼虫把嫩芽食完后，又转移到其他枝条或粗茎中，受害部分膨大成瘤状，叶片变黄，果实脱落，严重影响葡萄枝蔓正常发育，降低产量。

(1) 形态特征。成虫体长18～20毫米，翅展30～36毫米，形似黄蜂。体蓝黑色；头顶、颈部、后胸两侧以及腹部各环节联络处为橙黄色；前翅红褐色，后翅半透明，腹部有3条黄色横带，以第四节中央的一条最宽。幼虫末龄体长约38毫米，头部红褐色，口器黑色，胴部淡黄色，老熟时则带紫红色，全体疏生细毛。

(2) 危害症状。成虫将卵产在叶腋、芽的缝隙、叶片及嫩梢上。刚孵化的幼虫由新梢叶柄基部蛀入嫩茎内，危害髓部。幼虫蛀入后，在蛀口附近常堆有大量虫粪，在茎内呈长孔道。使被害部上方的枝条枯死，被害部膨大，植株受害很大。7—8月间幼虫危害最重，9—10月间幼虫老熟越冬。

2. 葡萄粉蚧

(1) 形态特征。雌成虫体长4.5～4.8毫米，宽2.5～2.8毫米，椭圆形，淡紫色，身披白色蜡粉，体缘有17对蜡毛，以腹部末端的1对最长。雄成虫体长1～1.2毫米，灰黄色，翅透明，在阳光下有紫色光泽，腹部末端有1对较长的针状刚毛，约为虫体的1/3。卵为淡黄色、椭圆形，大小为0.32毫米×0.17毫米。

(2) 危害症状。以成虫和若虫形式藏在老蔓的翘皮下及近地面的细根上刺吸危害，使被害处形成大小不等的丘状突起。随着葡萄的生长，逐渐向新梢上转移，多停栖在嫩梢的节部、叶腋、穗轴、果梗、果蒂等部位进行危害。被害后的果粒变畸形、果蒂膨大，果梗、穗轴被害后，表面粗糙不平，并分泌一层黏质物，易招引蚂蚁和黑色霉菌，污染果穗，影响果实外观和品质。发生严重时，使树势衰弱，造成大量减产。

发生规律1年发生3代，以包在棉絮状卵囊内的卵越冬。

3. 葡萄根瘤蚜

葡萄根瘤蚜是国内外检疫对象。葡萄根瘤蚜分根瘤型和叶瘿型。在某些美洲种葡萄上两种类型都能发生。

（1）形态特征。根瘤型蚜成虫体长1.2～1.5毫米，长卵形。鲜黄色至黄褐色，有时稍带绿色，腹面较平，体背有许多瘤状突起，各突起上有1～2条刚毛。叶瘿型蚜成虫体近圆形，体长约1毫米，黄色，体背高度隆起，各体节背面无小瘤，表面可见微细颗粒状突起。

（2）危害症状。在欧洲种葡萄上多发生根瘤型。根瘤型是在根的表面刺吸汁液进行危害。被害的粗根表面常形成木瘤，细根形成结节状根瘤，引起根部腐烂。叶瘿型在寄主叶片表面定居危害，受害处向叶背面凹陷，在叶背形成虫瘿将虫包在瘿内，被害植株发育不良，产量显著下降。该虫在美洲种葡萄上具有完整的生活环，既有叶瘿型，又有根瘤型。在欧洲种上，其生活周期是不完整的，只有根瘤型，极少发生叶瘿型。在烟台根瘤型每年发生8代，1龄若虫在2年生以上粗根根杈处及缝隙内越冬。翌年4月危害粗根，行孤雌生殖。被害部变褐腐烂。

4. 桃蛀螟

此虫在我国北方各省每年发生2～3代。葡萄果实受害时，蛀孔外黏附有粒状虫粪，易引起腐烂。主要以老熟幼虫形式在被害僵果、树皮裂缝、坝堰乱石缝隙、板栗种苞、向日葵花盘、蓖麻种子及玉米、高粱秸内过冬；也有少部分以蛹形式越冬。主要危害早熟桃果。一代成虫可在葡萄上产卵。7月中、下旬发现第二代初孵幼虫，8月上、中旬是第二代幼虫发生盛期，此时葡萄受害率高。

5. 葡萄白粉虱

葡萄白粉虱以若虫形式定居在葡萄、山楂叶片背面刺吸汁液，有时密度很大，能布满叶片，致使被害叶片呈红褐色，造成早期脱落，并削弱树势，影响产量和品质。

（1）形态特征。成虫体长1.3毫米，全体粉白色，翅不透明。卵呈长椭圆形、淡黄色，有短柄附着在叶片上。若虫椭圆形、淡黄色、半透明，背部稍隆起，体周缘有刺毛。蛹椭圆形、漆黑色，长约1.5毫米，宽约1.0毫米。体缘有短而密且等长的白色蜡毛，体背有规则的皱纹。“⊥”形羽化裂纹清楚。

（2）危害症状。该虫的危害除刺吸叶片汁液，造成早期落叶外，对葡萄果实的危害主要是分泌出黏性排泄物污染果实。黑霉菌在黏性排泄物上生长发育，引起严重的污斑。粉虱群体大时，被害果实和叶片完全变黑，影响食用，使果实失去经济价值。

6. 葡萄缺节瘿螨

葡萄缺节瘿螨又称葡萄锈壁虱、葡萄毛毡病，属蛛形纲螨目瘿螨科。

（1）形态特征。成螨体长0.15～0.20毫米，宽0.05毫米，雄比雌略小。淡黄白色或淡灰色，近长圆锥形，腹末渐细。喙向下弯曲，头胸背板呈三角形，有不规则的纵条纹，背瘤紧位于背板后缘，背毛伸向前方或斜向中央。具2对足，爪呈羽状，具5个侧枝。腹部具74～76个暗色环纹，体腹面的侧毛和3对腹毛分别位于第9、26、43和倒数第5环纹处，尾端无覆毛，有1对长尾毛。生殖器位于后半体的前端，其生殖盖有许多纵肋，排成二横排。卵球形，直径约 30 微米，淡黄色。若螨共 2 龄，淡黄白色。

（2）危害症状。成、若螨在叶背刺吸汁液，初期叶背呈现苍白色斑，叶组织因受刺激而长出密集的茸毛而呈毛毡状斑块，斑常受较大的叶脉所限制，茸毛初为灰白色，渐变为茶褐色以致黑褐色；在叶面则呈肿胀而凹凸不平的退色斑，嫩叶面的虫斑多呈淡红色，严重时叶皱缩干枯；花梗、嫩果、嫩茎、卷须受害后使生长停滞。寄主植物只有葡萄，在国内葡萄产区均普遍分布。1 年发生多代，以成螨潜伏在芽鳞茸毛内、少数在粗皮裂缝内和随落叶在土壤内越冬，以枝条上部芽鳞内的越冬虫最多，多者可达数十头至数百头。秋季以枝梢先端嫩叶受害最重，秋末渐次爬向成熟枝条芽内越冬。

四、干果类果树虫害

1. 核桃云斑天牛

云斑天牛又名铁炮虫、大天牛、钻木虫等。分布在河北、河南、北京、山东、陕西、甘肃、四川、云南、贵州等地。主要危害枝干，危害严重的地区受害株率达 95%。

（1）形态特征。幼虫淡黄色，无足。成虫黑褐色或赤褐色，有假死和趋光习性。

（2）危害症状。受害树有的主枝死亡，有的主干因受害而整株死亡。受害症状是被害部位皮层稍开裂，从虫孔排出大量粪屑。危害后期皮层开裂，木质部中的虫道比木蠹蛾少。一般 1～3 年发生 1 代，以成虫或幼虫形式在树干内越冬，4 月下旬开始活动，5 月为成虫羽化盛期，6 月中下旬为产卵盛期。

2. 核桃举肢蛾

核桃举肢蛾俗称核桃黑，在我国各核桃产区普遍发生。在土壤潮湿、杂草丛生的荒山沟洼处尤为严重。主要危害果实，果实受害率达 70%～80%，甚至高达 100%，是降低核桃产量和品质的主要害虫。

（1）形态特征。幼虫乳白至粉红色，有足。

（2）危害症状。受害症状为幼虫在青果皮内蛀食多条隧道，并充满虫粪，被害处青皮变黑。为害早者种仁干缩、早落，为害晚者种仁瘦瘪变黑。被害后 30 天内，可在果中剥出幼虫，有时一果内有十几条幼虫。

举肢蛾 1 年发生 1～2 代。以老熟幼虫形式在土壤中结茧越冬。

3. 核桃长足象

核桃长足象又名核桃果象甲等。以成虫危害果实，严重时一果有几十个食害孔，以后果皮干枯变黑，果仁发育不全，更为严重的是，成虫产卵于果中，造成大量落果，甚至绝收。此外，亦危害核桃幼芽、嫩枝。该虫 1 年发生 1 代。以成虫形式在向阳处的杂草或表土内越冬。

4. 小吉丁虫

在各产区危害均较重。主要危害枝条，严重地区被害株率达 90%以上。小吉丁虫是核桃的主要害虫之一。幼虫蛀入枝干皮层，或螺旋形串圈造成病害，故又称串皮虫。枝条受害后常表现为枯梢，树冠变小，产量下降。幼树受害严重时，易形成小老树或整株死亡。该虫1年发生1代，以幼虫形式在被害枝干中越冬。

5. 柿绵蚧

柿绵蚧主要危害柿树，嫩枝被害后出现黑斑，甚至枯死；叶片被害后亦有黑斑，严重时畸形，早落；果实被害后多寄生于果蒂周围的果面上，果面上着生虫体的部位凹陷，呈黑色，木栓化，易引起裂果、脱落。近成熟时，果实提前红软，成为“烘柿”。严重影响果品的质量，降低产量。

6. 柿蒂虫

柿蒂虫又名柿实蛾，主要危害柿树。幼虫从柿蒂蛀入，幼柿果被害后由绿色变为灰褐色，而后干枯，但多不脱落；后期被害柿果提前红软，被称为“烘柿”，很易脱落。柿蒂的蛀入孔外堆有虫粪，严重影响果品质量及产量。

7. 木尺蠖

又名小大头虫、吊死鬼，是分布较广的杂食性害虫。幼虫对枣、核桃危害十分严重，虫灾发生时，幼虫在3～5天内即可把全树叶片吃光，使树不能正常开花，致使果树减产，树势衰弱。受害叶出现斑点状半透明痕迹或小空洞。幼虫长大后沿叶缘吃成缺刻，或只留叶柄。

第七节　主要虫害的防治技术

培训目标 → 能够熟练掌握果树主要害虫的防治技术

一、仁果类果树虫害

1. 山楂叶螨的防治方法

（1）人工防治，消灭越冬雌虫。秋季越冬雌虫出现前，在枝干上绑草把诱杀；冬季刮除枝干翘皮，解下草把一同烧掉。

（2）药剂防治。根据虫情发生情况，抓住花前、谢花后1周左右和麦收前三阶段喷药防治。药剂可选用0.3～0.5度石硫合剂，20%速螨酮可湿性粉剂4 000～4 500倍液，15%哒螨灵乳油2 000～2 500倍液，20%三氯杀螨醇800～1 000倍液或0.05～0.08度石硫合剂加20%三氯杀螨醇1 000倍液，73%克螨特乳油或20%螨死净乳油2 000～

3 000 倍液，5%尼索朗乳油 2 000 倍液，20%灭扫利乳油 2 000 倍液，10%天王星乳油 6 000～8 000倍液，50%三环锡可湿性粉剂 3 000～4 000 倍液，20%三氯杀螨砜、20%三氯杀螨醇、洗衣粉用 1∶3∶1 比例配成 800～1 000 倍液喷雾。喷药要求雾细，喷树冠内膛和叶背。

2. 苹果全爪螨的防治方法

主要采用药剂防治，注意事项如下：

（1）对越冬卵多的果园，发芽前喷 5%重柴油乳剂。配方为 1 千克重柴油和 0.5 千克亚硫酸纸浆废液，分别放在两个铁桶中隔水加热至溶化，然后将重柴油轻轻倒入纸浆废液中，随倒随搅拌，直至呈稀糊状为止，即为原液。使用时，先倒入少量温水，随倒随搅，直至加温水量至 18.5 千克，即配成 5%的重柴油乳剂。

（2）如果虫口密度较大，要抓住花前、花后和麦收前三阶段喷药防治，药剂同防治山楂叶螨。

（3）危害严重的果园，于秋季产卵前消灭产越冬卵的成螨，可大大减少越冬卵量，为来年防治打下基础。

3. 二斑叶螨的防治方法

防治二斑叶螨应早动手，争取主动，力求将其消灭在上树造成危害之前。

（1）人工防治，消灭越冬雌虫。于二斑叶螨越冬前，在果树根颈处覆草诱集越冬雌虫，待出蛰前收集覆草烧毁。

（2）药剂防治。4 月上旬前，对树下地面和树干、主枝喷布 20%三氯杀螨醇乳油 600 倍液，或 15%哒螨灵 2 000～2 500 倍液，内加 300 倍机油乳剂。同时立即将果园杂草铲除干净，以消灭其上的虫卵。

生长季喷布三唑锡 1 200～1 500 倍液，可混用 500 倍机油乳剂。

发生二斑叶螨的园片，不间作豆科作物，不用棉槐、刺槐作果园绿篱，如已作绿篱，应按时喷药防治。

4. 桃小食心虫的防治方法

防治桃小食心虫要以“地下防治为主，树上喷药为辅，堵杀出土幼虫，产卵高峰喷药”。做好出土测报和产卵预报。

（1）预测预报

1）幼虫出土测报。做测报箱 2～3 个，箱长、宽、高分别为 60 厘米、40 厘米、30 厘米左右，箱框木制，箱顶安装活门，除箱底漏空外，箱顶活门及四周全部用尼龙网（或铁丝网）镶嵌严密。于老熟幼虫脱果前，选择适宜园片于树冠下靠近树干的荫蔽处，整平地面，罩上测报箱，并埋入土中 10～15 厘米加固。待幼虫脱果时，搜集脱果幼虫放于箱内，每箱放 500～1 000 只，让其自然入土，将未入土死亡或做夏茧幼虫剔出，并加以补充。箱的四周撒施辛硫磷毒土，防止蚂蚁等入箱造成危害，冬季加强保护，防止破坏。翌年从5月中旬开始，每天9时、15时各观察一次幼虫出土情况，记载出土数量。当累计出土幼虫数占入土做茧幼虫总数的20%～30%时，即可发出出土盛期预报，指导防治。如事先未搞测报箱，也可在树下放置瓦块进行预测。即在桃小食心虫危害严重的园片中，选择前一年受害较重的植株3～5株，5月中旬前将树盘杂草、石块等清理干净，在每株树下距树干1米范围内放置10～15片瓦块，从5月中旬开始，每天按时调查瓦片下虫数，也可作为防治参考。

2）成虫羽化测报。利用桃小食心虫性诱剂测报成虫发生期和发生量，用来指导喷药杀卵，简单易行。诱捕碗可用药瓶代替，即将普通农药空瓷瓶用3毫米粗的麻绳拴在瓶的中部，绳上涂以煤油，点火燃烧，待火着旺时立即将瓶放于冷水中，将一瓶破为两个，瓶的上一半用瓶盖拧紧当瓶底用，用细铁丝拧上挂钩即可使用。瓶内装0.1%洗衣粉溶液（或水中滴几滴煤油），瓶口中心距水面约1厘米挂一性诱芯，在果园内每隔3～5株树挂一个（越多越好），挂在树冠外围距地面1.5米高处。羽化前将诱捕碗挂好，羽化时每天上午检查一次，将诱到的蛾子记数并捞出杀死。及时加水保持瓶中水面高度；从诱到第一个蛾开始说明园内已羽化成虫，注意查卵，如果每天连续诱到成虫，而且量突然增多，说明羽化进入盛期。田间广泛查卵，待卵果率达到1%时，做好准备喷药杀卵，卵果率达1.5%时，应立即喷药防治。

（2）地面施药杀虫。地面防治应抓两个时期。

1）根据幼虫出土测报和降雨及时施药。

2）老熟幼虫脱果期，地面施药，减少越冬基数。常用药物有：5%辛硫磷颗粒剂，每亩5～7.5千克；40%甲基异柳磷乳剂，每亩0.5千克或50%辛硫磷乳剂0.5千克与60千克细沙土混合撒施；每亩25%对硫磷微胶囊剂0.5千克兑细土50千克施入树下，半月一次，连续2～3次；每亩50%辛硫磷乳剂0.5千克加水100千克喷于树下。施药前应清除地面杂草、石块，增加防治效果。

（3）树上喷药杀卵。根据测报，当卵果率达到1%时就要喷药杀卵。主要药物有：50%水胺硫磷乳剂1 000～1 500倍液，50%杀螟松乳剂1 000～1 500倍液；50%二嗪农乳油1 000倍液；50% 1605乳油1 000～1 500倍液；30%桃小灵乳油1 500～2 000倍液；2.5%天王星乳油2 000～2 500倍液或105天王星乳油6 000～8 000倍液；20%速灭杀丁乳油3 000倍液；2.5%敌杀死乳油3 000倍液等。

（4）采用套袋。有条件的果园可实行人工套袋。产卵前套袋，9月上旬去袋，可与喷药结合防治多种病虫害。

（5）加强果园管理。平地果园桃小食心虫出土前树盘培土或地膜覆盖。在树干周围距干1米范围内培土，厚度15厘米左右，阻止幼虫出土；或树冠下覆盖地膜，阻止成虫羽化上树。及时摘拾虫果，进行妥善处理，都会收到良好防治效果。

5. 苹果小卷叶蛾的防治方法

防治苹果小卷叶蛾要采取人工、药剂和生物防治相结合的原则，重点消灭越冬代和第一代幼虫。

（1）人工防治

1）秋季在树干上绑草把，诱集越冬幼虫；冬季或早春刮除枝干老翘皮，用钢丝刷刷净主干和各级骨干枝上的粗皮裂缝，清理枝干上的贴叶及剪、锯口处的由翘皮、潜皮蛾造成危害的爆皮以及落叶，消灭越冬幼虫。

2）封闭树体伤口，在4月上中旬幼虫出蛰前，用50%敌敌畏或90%晶体敌百虫200倍液，细致周到地涂抹剪口、锯口、伤疤等越冬场所，堵杀越冬幼虫。

3）5月苹果谢花后，越冬代幼虫卷叶危害期和化蛹期可人工摘除虫包，消灭幼虫和蛹。

4）成虫羽化期，利用黑光灯和挂糖醋罐诱杀成虫。糖醋液配制比例为红糖：食醋：水=1：（2～4）：16，另加入少量白酒效果更好。

（2）生物防治。除注意保护和利用自然天敌外，在成虫发生期，果园还可释放赤眼蜂，每亩放20万头左右。相隔4～5天放蜂1次，每次放蜂5～6万头，连放4次，赤眼蜂卵粒寄生率可达90%以上。

（3）喷药防治

1）于4月中下旬越冬幼虫出蛰盛期前和谢花后越冬幼虫化蛹前，各喷一次50%的1605乳剂1 200～1 500倍液加80%敌敌畏乳油2 000～3 000倍液，或40%丙溴磷乳剂1 500倍液，可获得良好的防治效果。

2）6月底至7月初第一代幼虫孵化达50%，尚未卷叶前，喷50%辛硫磷乳剂1 000～1 500倍液加80%敌敌畏乳剂2 500倍液或巴丹可湿性粉剂1 000倍液，杀灭卵和幼虫。

6. 顶梢卷叶蛾的防治方法

此虫用人工防治即可控制危害。结合冬季修剪，剪掉所有虫梢即可消灭。虫灾重的苗圃、果园，于次年春季萌芽时再仔细剪除一遍虫梢，即可基本控制危害。在果园管理中，随时发现随时摘除虫包带出果园烧毁，一般不需采用化学农药专门防治。

7. 苹果瘤蚜的防治方法

（1）人工防治。冬剪时剪除被害枝梢，消灭越冬卵。

（2）药剂防治。苹果瘤蚜危害对品种有较强的选择性，冬前将受害植株做好标记，次年苹果树发芽前，喷5%的重柴油乳剂杀灭越冬卵，或苹果萌芽且越冬卵开始孵化，但尚未卷叶时喷药防治为关键。如果此时防治不彻底，于开花前再喷一次即可控制危害。药剂可用30%桃小灵乳油2 500倍液，50%抗蚜威（辟蚜雾）超微可湿性粉剂2 000倍液，或40%氧化乐果乳剂1 000～1 500倍液，或50%1605乳剂1 500倍液内加0.15%洗衣粉，或50%灭蚜松（灭蚜灵）乳油1 000～1 500倍液，或2.5%功夫乳油

3 000倍液。也可参考苹果黄蚜的药剂防治。如果花后瘤蚜严重，还需喷药时，必须在喷药前将被害虫梢彻底剪除一遍带出果园烧毁，然后迅速喷药，否则收效甚微。

8. 苹果黄蚜的防治方法

(1) 生物防治。苹果黄蚜天敌很多，要注意保护利用。

(2) 药剂防治。主要大量发生在新梢上，新梢对蚜虫危害有一定的抵抗力，如果不是十分严重，可以不作重点防治对象。但在幼树和苗木上必须及时防治。防治时可选用的农药有 24%万灵水剂 1 000 倍液、90%万灵可湿性粉剂 4 000 倍液、20%灭多威乳剂 1 000 倍液、35%硕丹乳剂 2 000 倍液、20%杀灭菊酯 3 000～5 000 倍液、40%氧化乐果1 000～1 500 倍液、40%水胺硫磷 1 000～1 500 倍液、50%久效磷 2 000～2 500 倍液、2.5%溴氰菊酯 3 000～4 000 倍液（或参考瘤蚜药剂防治）。

(3) 主干涂环。于 5 月上旬蚜虫发生初期，在主干上把粗皮刮除约 6 厘米宽的涂环带，将已配好的氧化乐果[1∶(2～5)份水]药液用吸水纸吸附，绑于涂环带上，外面包一层地膜防干，一般涂后 3～5 天可产生药效。若效果差时，隔 10 天左右再涂 1 次。但药液不宜过浓，以防产生药害。

9. 苹果绵蚜的防治方法

(1) 人工防治。彻底刮除树皮，清理伤口，剪除病虫害枝条。用 40%氧化乐果 200 倍液涂刷伤口，消灭越冬若虫。对根部绵蚜先扒土露根，再喷洒氧化乐果 1 000 倍液。

(2) 药剂防治。发芽前喷 5%重柴油乳剂，药剂配制同苹果全爪螨。生长季防治可喷洒 35%硕丹乳油 2 000 倍液或 40%氧化乐果乳油 1 000～1 500 倍液，或 50%久效磷乳油 2 000～2 500 倍液。也可用氧化乐果或久效磷进行涂环。

(3) 严格检疫制度，杜绝疫区苗木和接穗未经消毒处理到处传播。

10. 苹果根绵蚜的防治方法

(1) 人工防治。利用其假死性，组织人力于清晨或傍晚摇树振虫，树下用塑料布张接，集中消灭。

(2) 药剂防治。苹果花前在树冠下施药毒杀。可选用 5%辛硫磷颗粒剂，每亩 3 千克撒施，或 25%对硫磷胶囊剂，兑成 500～600 倍液，均匀喷于地面，或 50%辛硫磷乳油，每亩 0.3～0.4 千克加细土 30～40 千克搅拌均匀成毒土撒施。使用辛硫磷后，应及时锄松土表与药混合，以防光解。成虫发生时，振虫落地，钻入土中毒杀。也可用 40%甲基异柳磷乳剂或 50%地亚农乳剂，每亩 0.5 千克，兑水 200～300 倍喷于树下毒杀成虫。

苹果蕾期可喷布 50%的 1605 乳剂 2 000 倍液，或 50%马拉硫磷乳剂 1 000～2 000 倍液，或 75%辛硫磷乳剂 1 000～2 000 倍液，或 20%杀灭菊酯乳油 3 000 倍液都有很好的效果。

11. 苹毛金龟子的防治方法

(1) 人工防治。同苹果根绵蚜。

（2）药剂防治。同苹果根绵蚜。

（3）果园周围有榆、杨、柳林木，也要结合一起防治；虫源地区，用药进行土壤处理，消灭蛴螬。

12. 黑绒金龟子

黑绒金龟子的出土与危害时间与苹毛金龟子不同，注意不要错过人工防治时机，更要重视幼龄果园（特别是新栽小树）的防治。因其有一定的趋光性，也可以利用黑光灯进行诱杀。其他防治方法同苹毛金龟子。

二、核果类果树虫害

1. 桃蚜虫的防治方法

防治应抓好果树休眠期及花前、花后几个关键时期，特别要注意合理使用农药，保护和利用天敌。

（1）人工防治。结合防治其他病虫害，人工刮除粗糙的树皮，严格清扫果园，将枯枝、落叶集中烧毁或深埋，以消灭越冬虫卵。

（2）药剂防治。萌芽前喷施相对密度为1.021～1.036（3～5波美度）的石硫合剂，可同时防治多种病虫害。

在越冬卵孵化盛期后及时喷施以下几种药剂之一：10%吡虫啉可湿性粉剂1 500倍液、20%灭扫利乳油1 500～2 000倍液、25%功夫乳油3 000倍液，用药时加0.1%～0.2%洗衣粉，可提高杀虫效果。在树上挂设杀虫灯和糖醋盆，糖醋液的配比为糖：酒：醋：水等于1：1：4：16。

生长季节花前1周左右（铃铛花时）喷克菌丹1 000倍液加灭扫利2 000倍液或一遍净2 000倍液；花后1周可用百菌清1 000倍液或甲基托布津1 000倍液加齐螨素4 000倍液全园喷施；定果后间隔2～3周可交替喷施50%多菌灵500倍液、70%甲基托布津1 000倍液、72%克菌丹1 000倍液。

2. 山楂叶螨的防治方法

防治应抓好果树休眠期及花前、花后几个关键时期，特别要注意合理使用农药，保护和利用天敌。同仁果类山楂叶螨的防治。

3. 苹小卷叶蛾的防治方法

同桃蚜虫的防治。

4. 桑白蚧的防治方法

早春萌芽前喷洒1～2次相对密度为1.036（5波美度）的石硫合剂或100倍机油乳剂，消灭越冬雌成虫。虫体密集成片时，喷药前可用硬毛刷刷除再行喷药，以利药液渗透。

5. 桃红颈天牛的防治方法

早春时根据枝上及地面蛀屑和虫粪找出被害部位后，用铁丝将幼虫刺杀。

三、浆果类果树虫害

1. 葡萄透翅蛾的防治方法

(1) 人工防治。冬季修剪时，将被害枝条剪掉烧毁，消灭越冬虫源。6—7 月间经常检查嫩枝，发现被害枝及时剪掉。

(2) 药剂防治。在粗枝上发现虫害时，可从蛀孔灌入 50%敌敌畏 500～800 倍液，然后用黏土封住蛀孔或用蘸敌敌畏的棉球将蛀孔堵死，以薰杀幼虫。

2. 葡萄粉蚧的防治方法

(1) 人工防治。根据以上两种粉蚧以卵和若虫形式在老蔓翘皮下和近地面的细根上越冬的特点，可进行刮老皮，消灭越冬卵和越冬若虫。

(2) 药剂防治。抓住粉蚧在地上部危害的时期，喷布 40%乐果、50%的马拉松和敌敌畏 1 000～1 500 倍液，防治效果良好。若在药液中加入黏着剂，能提高药效。

3. 葡萄根瘤蚜的防治方法

(1) 人工防治。加强检疫，不从有虫地区引进苗木。施行沙地育苗，生产无根瘤蚜苗木。

(2) 药剂防治。对被根瘤蚜危害的植株，应刨除更新，刨后用 1.5%乐果粉每株撒 0.75～1 千克处理土壤。也可用 50%抗蚜威 2 000 倍液于 5 月上、中旬灌根，每株 10～15千克。

4. 桃蛀螟的防治方法

此虫寄主多，应调查在当地的主要寄主和在寄主之间转移危害的规律，准确掌握各代成虫发生期，在产卵盛期和幼虫孵化盛期喷药，能收到较好的防治效果。

(1) 人工防治。秋季采果前于树干绑草，诱集越冬幼虫，早春集中烧毁。同时处理玉米、高粱、向日葵等的秸秆和花盘。应于 5 月上旬前处理完或进行暴晒和碾压，以减少虫源。随时拾净和摘除虫果，集中沤肥。同时注意对果园周围的其他寄主进行全面防治。

(2) 药剂防治。幼虫孵化初期为防治有利时机，可喷布 50%杀螟松 1 000～1 500 倍液，或喷 20%米满 1 000～1 500 倍液等杀虫剂，一星期后再喷 1 次，可取得良好的防治效果。

5. 葡萄白粉虱的防治方法

(1) 人工防治。因该虫是随落叶越冬的，所以应从彻底清除田间落叶着手。清除出的落叶要烧毁，以消灭越冬虫源。

(2) 药剂防治。因成、若虫的体表有蜡粉，施药不易黏着，因此，应喷内吸剂或油乳剂。如 20%地亚农或 40%乐果 1 000 倍液，50%久效磷乳油 1 500 倍液，或 505 马拉松 1 000 倍液。

6. 葡萄缺节瘿螨的防治方法

（1）人工防治。苗木和插条应处理杀虫后再行栽植，可用热水处理或辛硫磷液处理，参看葡萄根瘤蚜的防治。冬季清园，将修剪下的枝条、落叶、翘皮等收集携出园外并加以处理。害虫数量少时，尽早摘除被害叶片烧毁，阻止继续蔓延。

（2）药剂防治。药剂防治应在春季大部分葡萄芽已萌动，芽长在1厘米以下时进行，可喷密度1.007～1.021千克/升石硫合剂，中午气温达30℃以上时宜喷密度1.007～1.011千克/升，对龙眼、无核黑等易受药害的品种，可喷密度1.003～1.005千克/升。此次药基本可控制危害，并可兼治病害。

四、干果类果树虫害

1．核桃云斑天牛的防治方法

（1）人工防治。利用成虫趋光和假死习性，晚上用灯光引诱到树下捕杀。白天经常观察树叶、嫩枝，发现有小嫩枝被咬破且呈新鲜状时，在附近即可捕捉到成虫。成虫产卵后，经常检查，发现有产卵破口刻槽，用锤敲击，可消灭虫卵和初孵幼虫。当幼虫蛀入树干后，可以以虫粪为标志，用尖端弯成小钩的细铁丝从虫孔插入，钩杀幼虫。

（2）药剂防治。冬季或产卵期前，用石灰5千克，硫黄0.5千克，食盐0.25千克，水20升充分拌匀后，涂刷树干基部，以防成虫产卵，也可杀死幼虫。此外，发现虫孔后，可先清除粪便，然后用西维因粉与等量黄土和成的泥堵洞，或用棉球蘸乐果或敌敌畏5～10倍液塞入虫孔，并用稀泥封死，杀虫效果良好。

2．核桃举肢蛾的防治方法

（1）人工防治。结冻前彻底清除树冠下部枯枝落叶和杂草，刮掉树干基部老皮，集中烧毁。翻耕树下土壤，可消灭大部分越冬幼虫。在受害幼果脱落前，及时剪、摘深埋，以减少翌年的虫口密度。

（2）药剂防治。成虫羽化前，树盘覆土2～4厘米，或地面撒药，每667平方米撒杀螟松粉2～3千克，或每株树冠下撒25％西维因粉0.1～0.2千克。从成虫产卵期开始，每隔10～15天喷1次下列任何一种药液：50％对硫磷2 000倍液，25％西维因600倍液，敌杀死5 000倍液，50％杀螟松乳剂1 000～1 500倍液或40％乐果乳油800～1 000倍液喷3～4次。

3．核桃长足象的防治方法

（1）人工防治。刮除根颈部粗皮，捡拾病虫落果或摘除被害果，与石灰混拌后深埋至10厘米以下的土中。

（2）药剂防治。在越冬成虫出现到幼虫孵化阶段，用每毫升含孢子量2亿个的白僵菌液，或50％辛硫磷乳剂1 000倍液，或50％杀螟松乳剂1 000倍液喷雾防治成虫，阻止幼虫孵化。

4．小吉丁虫的防治方法

(1) 人工防治。秋季采收后，剪除全部受害枝，集中烧毁，以消灭翌年虫源。剪时注意要多剪一段健康枝以防幼虫被遗漏。

(2) 药剂防治。在幼虫危害盛期，经常检查，发现有幼虫蛀入的孔道，立即涂抹5～10倍氧化乐果，杀死幼虫。结合防治举肢蛾等害虫，在树上喷敌杀死5 000倍液，25%西维因600倍液，或50%磷胺乳油800～1 000倍液。

5. 柿绵蚧的防治方法

柿树发芽前，喷相对密度为1.036（5波美度）的石硫合剂或5%柴油乳剂，以消灭越冬若虫。于柿树展叶后至开花前（4月上旬至5月初），在若虫离开越冬部位而又未形成蜡壳前，进行树上喷药防治，所用药剂有40%氧化乐果乳油1 500倍液，50%辛硫磷乳油2 000倍液，20%速灭杀丁乳油2 000倍液，20%灭扫利乳油3 000～4 000倍液。

6. 柿蒂虫的防治方法

(1) 人工防治。冬、春季刮树皮，摘除残留于树上的干柿蒂，摘除第一代被害果。

(2) 药剂防治。树上喷药防治，于成虫发生盛期在树上进行喷药防治，所用药剂有5%马拉硫磷乳油15 000～20 000倍液、50%辛硫磷2 000倍液、20%速灭杀丁乳油2 000～3 000倍液、10%天王星乳油6 000～8 000倍液。

7. 木尺蠖的防治方法

(1) 人工防治。于5—8月成虫羽化期，用黑光灯诱杀或堆火诱杀。早秋或早春结合整地、修台堰等，在树盘内人工挖蛹。

(2) 药剂防治。幼虫孵化盛期，在树下喷下列任何一种药：25%西维因600倍液，敌杀死5 000倍液，50%杀螟松乳剂800倍液或25%亚胺硫磷2 000倍液。

单元测试题

一、填空题（请将正确的答案填在横线空白处）

1. 新建果园的土质有机质含量低时，需要采取人为措施加以改良，目前常用的方法有________和________。

2. 中耕除草，应该在________和________进行，除草效果好。

3. 果园土壤覆盖主要有两种方法，分别是________和________。

4. 在果树幼树期或尚未郁闭的果园，可在行间种植间作物，目前常用的间作物有________、________和________等。

5. 成年果园土壤管理制度有________、________、________、________和________等五种主要方法。

6. 果树施肥的目的是补充________，调节________。

7. 基肥以________为主，一般是在________时施肥。

8. 追肥又称补肥，是果树生产中不可缺少的施肥环节，目前生产上成年结果树的追肥主要有________、________、________和________四种。

9. 目前生长上确定施肥量的方法主要有________、________和________。

10. 四种果园灌水的方法是________、________、________和________。

二、判断题（下列判断正确的请打“√”，错误的打“×”）

1. 果园深翻的深度应该比果树根系集中分布层稍浅。（　　）

2. 中耕除草可清除杂草，避免其与果树争夺水、肥和空间，中耕时间应根据果树的生长发育期而定。（　　）

3. 秋施基肥主要是促进根系生长，为翌春树体发育生长储存充足的养分，因此，需要施长效的有机肥，但若施肥时加入适量速效性氮肥，则效果更好。（　　）

4. 土壤施肥必须根据根系分布特点，一般将有机肥料施在根系分布层内。（　　）

5. 追肥的次数和时期与树龄有关，一般幼树生长快追肥次数宜多，随树龄增长，追肥次数逐渐减少。（　　）

6. 根外追肥用肥量少功效快，但是费人工，因此，在劳动力充足的情况下，为提高肥效，节省肥料，可以只进行根外追肥，不需要进行土层根际施肥。（　　）

7. 来自山区河流的河水和地下泉水，常因温度较低，需要经过一段时间增温充气后，再加以利用。（　　）

三、单项选择题（下列每题的选项中，只有1个是正确的，请将其代号填在横线空白处）

1. 下列果园土壤管理方法中，土壤有机质含量最高的是________。

A. 清耕法　B. 生草法　C. 清耕覆盖作物法　D. 免耕法

2. 下列果园土壤管理方法中，最适合果树根系发育的是________。

A. 清耕法　B. 生草法　C. 清耕覆盖作物法　D. 免耕法

3. 当土壤含水量达到持水量的________时，土壤中的水分与空气状况最符合果树生长结果的需要。

A. 50%　B. 50%～70%　C. 60%～80%　D. 80%～90%

4. 不同土壤的持水量各不相同，下列土壤的持水量由高到低的顺序为________。

A. 壤土、黏土、沙土　B. 黏土、壤土、沙土

C. 沙土、黏土、壤土　D. 沙土、壤土、黏土

5. 梨危害果实的病害主要有________。

A. 梨黑星病　B. 梨树腐烂病　C. 梨树锈病　D. 梨白粉病

6. 主要危害果树树干的害虫是________。

A. 潜叶蛾　B. 桑天牛　C. 金龟子　D. 桃蚜

四、多项选择题（下列每题的选项中，至少有2项是正确的，请将其代号填在横线空白处）

1. 对果园土壤进行合理深翻，可以改良土壤，同时具有下列功能________。
   A. 合理深翻，能使土壤熟化
   B. 合理深翻可以减少冻、旱危害
   C. 合理深翻能增加土壤的透气性
   D. 有利于根系向垂直和水平方向生长，扩大根系的吸收面积
   E. 提高土壤肥力，减少蒸发
   F. 增加土壤保蓄水分的能力
2. 果园深翻时应该注意________。
   A. 深翻时表土与底土分别堆放，回填时应先填表土
   B. 有黏土层的沙土深翻不要打破原有土层结构
   C. 深翻结合有机肥料的施用，可以增加土壤腐殖质，促进团粒结构的形成
   D. 成年果园夏季深翻，正值根系再次生长高峰，根系伤口易愈合，易发新根
   E. 小树、幼树一次深翻伤根不多，而成年树、大树根系分布范围大，深翻应该避免伤根太多
   F. 山地果园深翻要注意保持水土
3. 免耕法果园的优点是________。
   A. 土壤中有机质含量比耕作区高、比生草法果园低
   B. 使土壤保持疏松通气，促进微生物繁殖和有机物氧化分解
   C. 土壤不进行耕作，可保持土壤自然结构，节省劳力
   D. 防止水土流失，抑制杂草生长，减少蒸发，缩小地温季节和昼夜变化幅度
   E. 免耕法表层土壤结构坚实，便于果园各项操作及果园机械化
4. 果园适宜的间作物应该具备的条件有________。
   A. 病虫害少，与果树无共同病虫害　　B. 植株矮小，不影响树体光照
   C. 大量需肥水时期与果树错开　　D. 优良间作物生长期短
   E. 对栽培条件无特殊要求和耐荫　　F. 间作物本身营养价值较高
5. 确定果树合适的施肥时期，应该注意________。
   A. 生长初期吸收氮素最多
   B. 果实速生期是吸收钾的高峰
   C. 应根据土壤水分变化规律或结合排灌施肥
   D. 果树春季萌芽、开花和枝梢生长需要大量营养，要及时全面地补充各种肥料
   E. 土壤营养物质含量与间作物种类和土壤管理制度也有一定关系
   F. 迟效肥（有机肥）因需腐熟分解后才能被吸收利用，宜提前施入

6. 为保证果树生长期水分供应充足，在下述物候期必须进行灌溉的有________。

A. 发芽前后　B. 开花期　C. 新梢生长

D. 幼果膨大期　E. 果实成熟期　F. 休眠期

7. 作为果园是否需要灌溉的依据，可以采用的方法有________。

A. 测定果实的生长率　B. 气孔的开张度

C. 叶片的蒸腾率　D. 叶片的呼吸率

E. 叶片的色泽和萎蔫度　F. 张力计

8. 下列果树中耐涝力弱的有________。

A. 葡萄　B. 桃　C. 柿　D. 无花果　E. 梨　F. 樱桃

9. 危害主要核果类果树叶片的病害有________。

A. 桃树腐烂病　B. 樱桃丛枝病　C. 桃缩叶病

D. 李红点病　E. 桃白粉病　F. 癌病

10. 果园中危害果实的害虫主要有________。

A. 桃小食心虫　B. 梨黄粉蚜　C. 葡萄毛毡

D. 梨圆蚧　E. 桃蛀螟　F. 枣尺蠖

11. 果园中危害叶片的害虫主要有________。

A. 红蜘蛛　B. 天牛　C. 蚜虫

D. 潜叶蛾　E. 桃蛀螟　F. 金龟子

12. 既危害果实又危害叶片的害虫主要有________。

A. 桑白介壳虫　B. 梨木虱　C. 梨圆蚧

D. 臭木椿象　E. 葡萄透羽蛾　F. 矢尖蚧

五、简答题

1. 盐碱地果园土壤应该如何改良？
2. 比较清耕法和免耕法各有何特点？
3. 果树在年生命周期内对氮、磷、钾三要素的吸收有何特点？
4. 如何根据果树根系分布特点进行土壤施肥？
5. 生产上常用的施肥方法主要有哪些？
6. 果园绿肥有什么作用？
7. 水对果树有何作用？
8. 仁果类的主要病害有哪些？
9. 葡萄的主要病害有哪些？
10. 如何防治苹果腐烂病？
11. 如何防治梨黑星病？
12. 如何防治根癌病？

单元 3

13. 如何防治葡萄霜霉病？
14. 如何防治苹果全爪螨？
15. 如何防治桃小食心虫？
16. 如何防治黄蚜？

六、计算题

假设要灌溉10亩果园，使1米深度的土壤湿度达到田间持水量，某种土壤的田间持水量为23%，土壤容重为1.25，灌溉前根系分布层的土壤湿度为15%。则灌水量应为多少？

单元测试题答案

一、填空题

1. 客土法　增施有机肥法
2. 杂草出苗期　结籽前
3. 树盘覆草　地膜覆盖
4. 豆类　薯类　绿肥作物
5. 清耕法　生草法　清耕覆盖作物法　覆草法　免耕法
6. 果树生长发育各个阶段营养元素的消耗和不足　各种营养元素间的平衡
7. 有机肥料　秋季
8. 花前追肥　花后追肥　果实膨大和花芽分化期追肥　果实生长后期追肥
9. 调查分析　施肥试验　营养分析法
10. 沟灌、漫灌、盘灌、穴灌、喷灌、滴灌、穴储肥水中任意四种

二、判断题

1. ×　2. ×　3. √　4. ×　5. ×　6. ×　7. √

三、单项选择题

1. B　2. D　3. C　4. B　5. A　6. B

四、多项选择题

1. ACDF　2. ACEF　3. ACDE　4. ABCDF　5. ABCEF　6. ABCDF　7. ABEF　8. BDEF　9. BCDE　10. ABDE　11. ACDF　12. CDEF

五、简答题

略。

六、计算题

灌水量＝灌溉面积×土壤浸湿深度×土壤容重×（田间持水量－灌溉前土壤湿度）

＝10×666.67×1×1.25×（0.23－0.15）＝666.67吨

答：灌水量为666.67吨水。

第4单元

果树整形修剪技术

第一节　常见果树树形及其特点

培训目标

→ 能够掌握常见果树树形的特点

一、确定树形的依据

果树树形应根据下列各项进行确定：

1. 气候

依温度或雨量的差异，果树的生长和结果状态常有所变化；依风速的不同，果树的损伤程度亦有差异。故树形宜按气候来选定。例如温暖多雨地区果树生长旺盛，宜选用较高大的树形；反之低温干燥地区树形宜选稍矮小者。梨树在夏秋多大风地区可用棚架整枝。此外在严寒地区为便于冬季保护，可用匍匐形整枝，在一般地区则多用自然形。

2. 土地

土地肥沃与贫瘠，以及含水量、地势等的不同，都能左右果树的生长，故栽培上宜依土地状况的不同选择树形。例如土地肥沃而含水多时，宜用高大的树形，反之则宜用小树形；地势高而当风时，则树形宜低，反之则可选用高树形。

3. 种类品种

果树依种类或品种的不同，树性常有差异，故修剪时宜依树性来选定树形。例如葡萄树为蔓性，最宜用棚架或篱壁整枝；醋栗树为灌木，最宜用丛生灌木形；枇杷树有中心主枝，最宜用主干形。

4. 砧木

依砧木的种类不同，枝势亦多变化。在修剪上，矮性砧接木者宜用小树形，本砧或乔性砧接木者可用大树形。

二、适宜树形应具备的条件

现将栽培上优良的树形须具备的条件列举如下：

（1）具备和树势相适应的大小。

（2）能充分利用土地面积和空间。

（3）日光透射和空气流通较好。

（4）易于整枝，而且能早日完成。

（5）各主枝能保持同一生长势。

（6）对外患的抵抗力强。

（7）结果优良且能丰产。

（8）便于一切管理工作。

（9）树形的形成和维持都较容易，而不多费人工。

三、十字形

根据主枝的多少，十字形又分为四大主枝十字形和多主枝十字形两种。四大主枝十字形只有四个主枝，干高 50～70 厘米，全树两层，每层由两个邻近的主枝组成，相互交错成十字形排列。主枝分布是：第一和第二主枝相距 20～40 厘米，第二和第三主枝距离 80～100 厘米，第三和第四主枝距离 20～40 厘米。每个主枝有3～4个侧枝，全树 12～16 个侧枝。中心领导干直立。这种树形比环状树冠高，主枝多。

多主枝十字形共有主枝 6～9 个。主枝的分布情况是：第一和第二主枝距离 10～20 厘米，第二和第三主枝距离 75～100 厘米，第三和第四主枝距离 20 厘米，第四主枝以上的各主枝相距都在 40 厘米左右，以最后一个主枝代替中心领导干。这种树形比四大主枝十字形有所改进。

十字形基本具备主干疏层形的优点，树体成形快，树冠通风透光好。成形后，产量上升快，单株产量较高。但是幼树整形时修剪量大，使幼树提早结果较为困难。十字形树形如图 4—1 所示。

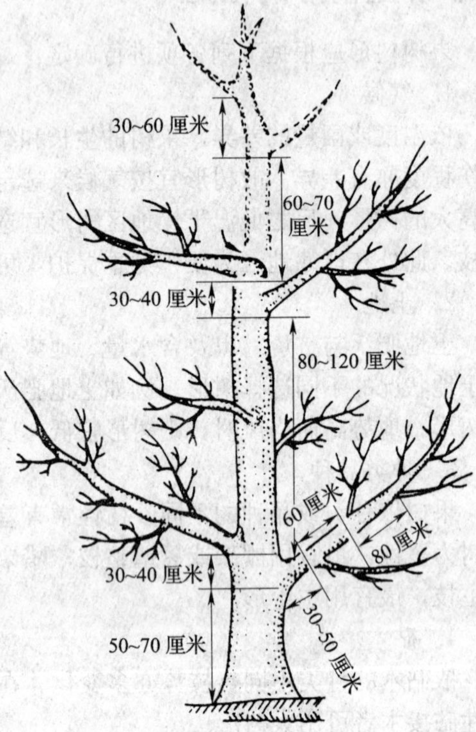

图 4—1　十字形树形

四、自然开心形

一般桃树多采用这种树形。树高 3 米左右，干高 40～50 厘米，在主干上选留生产均衡、方向好、角度约为 50°错落开的三大主枝。每个主枝选留 2～4 个侧枝。第一个侧枝距主干 45 厘米左右。第二侧枝在第一侧枝对面，距第一侧枝 30 厘米左右。第三侧枝与第一侧枝同面同方向，距离为 70 厘米左右。第四侧枝在第三侧枝对面，与第二侧枝同面同方向，距离 70 厘米左右。侧枝以背斜侧为主、背后侧为辅，在主枝、侧枝上配置结果枝。

这种树形构形较快，树冠开张，通风透光效果良好，适于密植，结果较早，并能获得较高的产量。在沙滩丘陵和水位较高的地区，大多采用这种树形。自然开心形树形如图 4—2 所示。

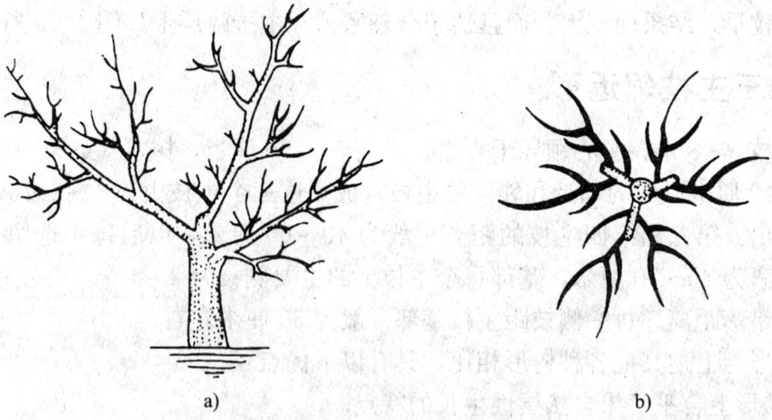

图 4—2　自然开心形树形

a）桃树自然开心形树形模式图　b）桃树自然开心形树形主枝与侧枝分布模式图

分层开心形树形如图 4—3 所示，分层开心形生产形态结构图如图 4—4 所示。

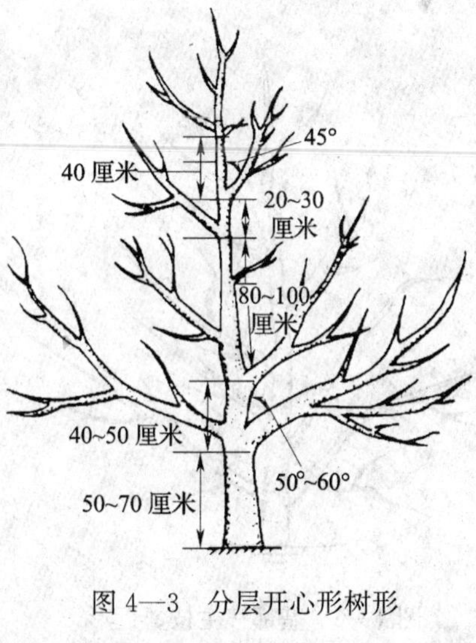

图 4—3　分层开心形树形

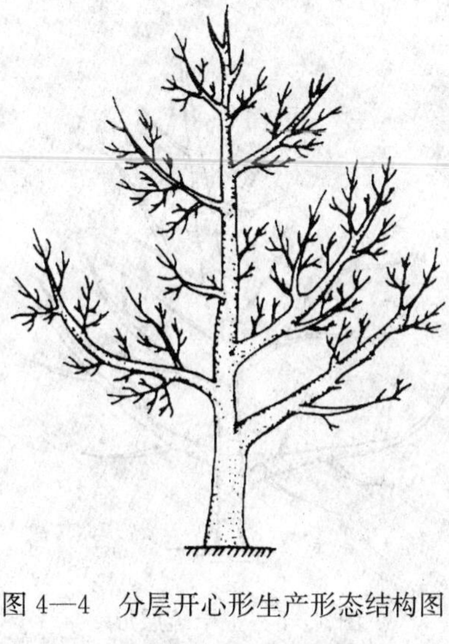

图 4—4　分层开心形生产形态结构图

五、主干疏层形

树高 4 米左右，基部一般有 3 个主枝，全树层性较强，主枝数目较多，为 7～11 个，分 4～6 层，层间距自下而上依次递减。第一层主枝的层内距离为 15～23 厘米或邻接，第一层的第一主枝以南向为最好。第二层与第一层距离为 40～55 厘米，留两个主枝。第三层与第二层距离为 35～45 厘米，留 1～2 个主枝。第四层与第三层距离为 30～40厘米，留一个主枝。自第五、第六层间以上距离为 30～40 厘米。这种树形构形较快，结果较早，结果面积大，而且适于合理密植。主干疏层形如图 4—5 所示。

六、基部三主枝邻近形

全树主枝 5～8 个，中心领导干直立，干高 50～70 厘米。树冠基部第一层主枝是由 3 个距离在 40 厘米以内的邻近和邻接的主枝构成，这三个主枝由第 1～2 年所发出的几个枝条中选出。第三和第四主枝的距离一般为 40～60 厘米，以后每年选留 1～2 个主枝，层间距离为 40～50 厘米，基部每个主枝上的主要侧枝为 2～4 个，各主枝间的侧枝应有一定的错落距离。每一侧枝距主枝基部一般为 50 厘米左右。

这种树形与上述其他各种树形相比，具有以下优点：

1. 在整形上合乎苹果自然层性生长的特点。
2. 修剪量比较小，幼树结果较早。
3. 植株产量较高，寿命长，力学性能强。

缺点是结果量大部分在基部三主枝上，造成基部主枝强，上层主枝弱，树冠矮小，不能充分利用立体空间结果，最终影响产量。基部三主枝邻近形如图 4—6 所示。

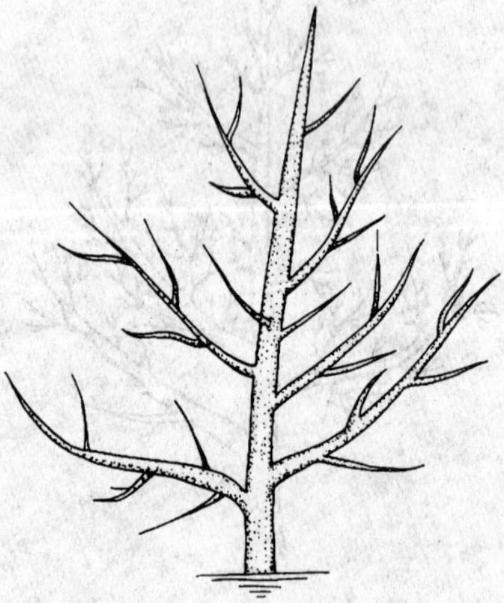

图 4—5　主干疏层形

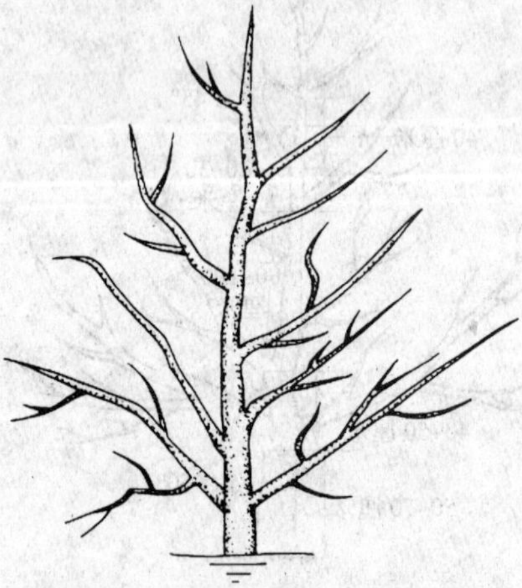

图 4—6　基部三主枝邻近形

七、小弯曲直立半圆形

小弯曲直立半圆形（高桩半圆形）树高 4～5 米，干高 50～60 厘米，全树有 5～8 个主枝，共分 3～4 层。基部三主枝特别大，上层主枝生长较弱，第一层三主枝错落较近，多数是由邻接芽所形成。基部三主枝力学性能强，从属关系良好，构形较快。但是基部三主枝过于旺盛，往往影响上部主枝生长，因而易衰弱。小弯曲直立半圆形树形模式图如图 4—7 所示。

八、三挺身树形

三挺身树形适用于梨树。这种树形无中心主干，由 3 个较强的近于直立生长的主枝构成，干高 80 厘米左右，主枝基部角度为 35°～45°，向上逐渐减小，呈弓形上伸，每主枝互相交错，分生侧枝 4～5 个，可成层排列。主枝和侧枝上着生结果枝组。这种树形骨架牢固，通风透光良好，丰产，适于密植。苹果树密植栽培也可以采用这种树形。对于生长势强、主枝不开张的品种，以及幼树期中心干损坏的果树，也应采用这种树形。三挺身树形如图 4—8 所示。

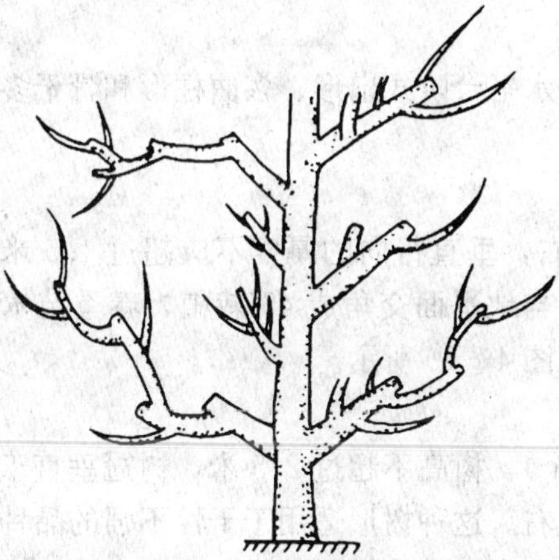

图 4—7　小弯曲直立半圆形树形模式图

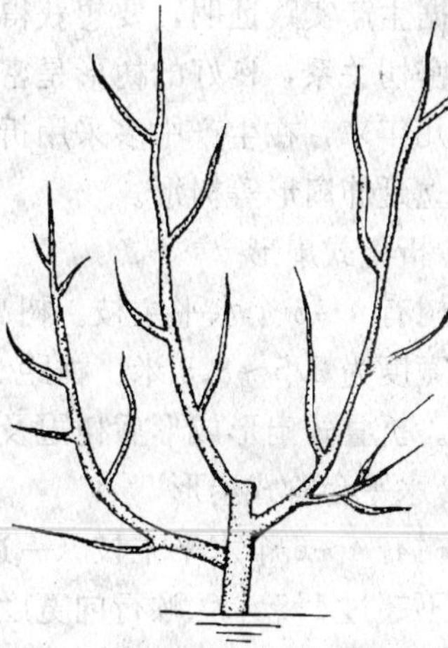

图 4—8　三挺身树形

九、匍匐树形

在我国北疆寒带地区多采用这种树形。匍匐树形是人工强迫将直立果树通过扣压形成匍匐式的形状。树干与地面倾斜成 45°左右，树冠呈扇形，有 5～6 个主枝，主枝在中心干上以十字形轮式排列。第一主枝距地面 80 厘米左右，第二主枝距第一主枝 40～60 厘米，以下各主枝以此类推。本树形构成简单，易掌握，但是在扣压扒土时，容易损坏延长枝和结果枝，因而一般要考虑留延长枝的后备枝，并适当多留结果枝。匍匐形与立枝形不同，匍匐形在扒土以后，一般春季进行整形修剪；直立形冬春季都可以进行修剪。匍匐树形如图 4—9 所示。

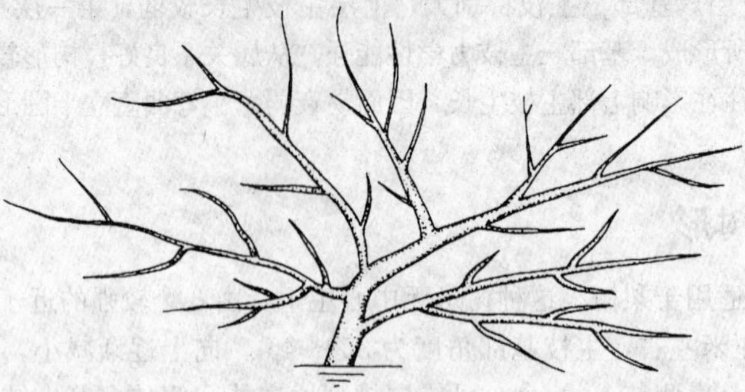

图 4—9　匍匐树形

十、乔砧苹果树密植树形

根据生产实践证明，要想获得果树高产，首先要考虑合理密植。合理密植与选择树形有着密切关系，良好的树形是密植的基础。

近几年来，在生产中多采用折叠式扇形、水平台阶式扇形、多曲柱形和骨干多曲扇形、直立延伸扇形等树形。

1. 折叠式扇形

全树有 4～6 个水平主枝。树高在 2 米左右，垂直行向的厚度不应超过 1.5 米，顺行向的宽度为 2.5～3.5 米。株距 1.5～2 米，与地平面交角成 45°栽植，春季苗木变软时整形。折叠式扇形成形后树冠及枝组分布如图 4—10 所示。

2. 水平台阶式扇形

全树有 4～6 个水平主枝（一边 2 个或 3 个），树高不超过 2.5 米，树冠垂直于行向的厚度不超过 1.5 米，顺行向宽度在 1.5 米左右。这种树形适用于干性不强的品种。它与折叠式不同之处是苗木直立栽植，春季将枝呈直角弯曲拉平整形。水平台阶式扇形成形后树冠及枝组分布如图 4—11 所示。

3. 骨干多曲扇形

树高 3～4 米，树干倾斜与地面交角成 45°，干高 60～70 厘米。成形后全树分 5～6 层，每层一个主枝，交互对生，在每个拐弯处甩出一个主枝。主枝上只有小型侧枝和中、小型结果枝组。主枝也同中心领导干一样，弯曲延伸。基部主枝上有 2～3 个小侧枝（要求在背斜侧方向），越向上层，侧枝越少、越小，其余枝条基本是用来培养各类枝组的。骨干多曲扇形侧面及枝组分布如图 4—12 所示。

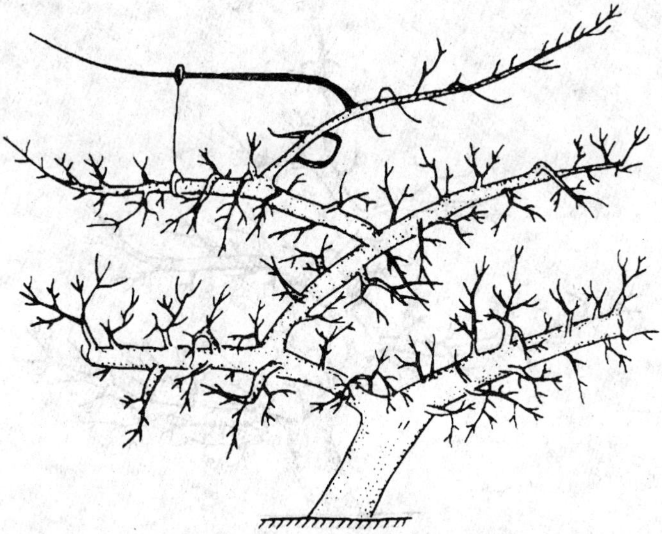

图 4—10　折叠式扇形成形后树冠及枝组分布图

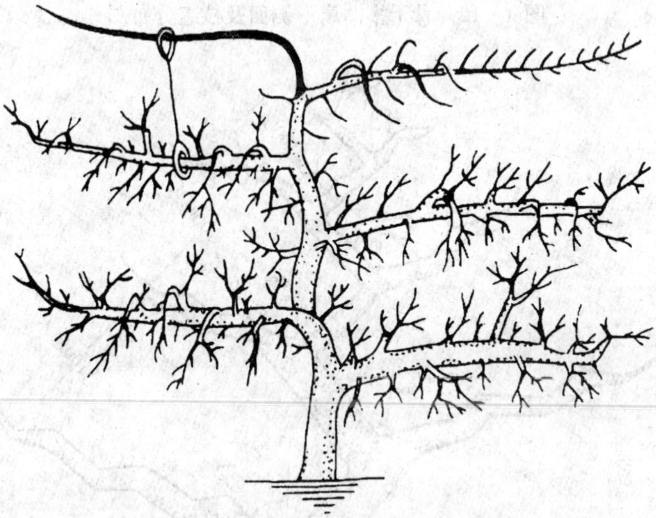

图 4—11　水平台阶式扇形成形后树冠及枝组分布图

骨干多曲扇形结构如图 4—13 所示。基部第一、二层主枝基角为 55°～60°，第三、四层主枝基角为 45°～50°，第五层主枝以上基角为 45°。最后一个主枝形成后，中心领导干延长头再长放几年后，逐步落头开心至第四、六主枝上。第一、三、五层和第二、四、六层主枝间相互直线距离为 1 米左右。树冠下部顺行向宽度为 4～5 米，树冠下部垂直于行向的厚度最大为 2.5～3 米，最好在 2～2.5 米。这种树形适于密植，一般每亩栽 33～55 株。

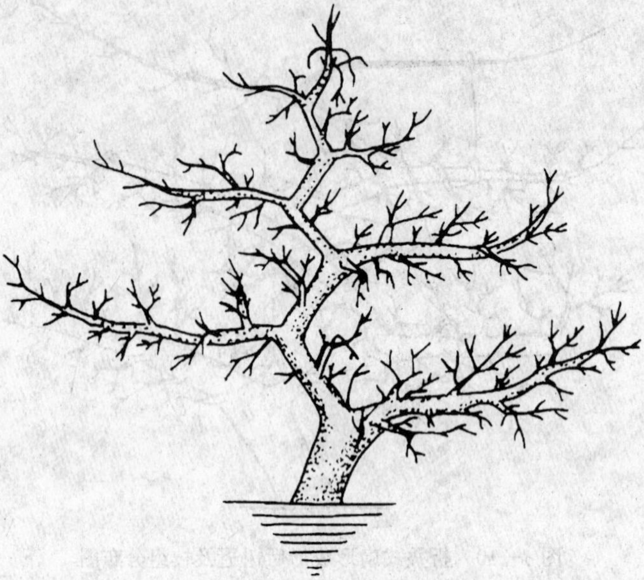

图 4—12　骨干多曲扇形侧面及枝组分布图

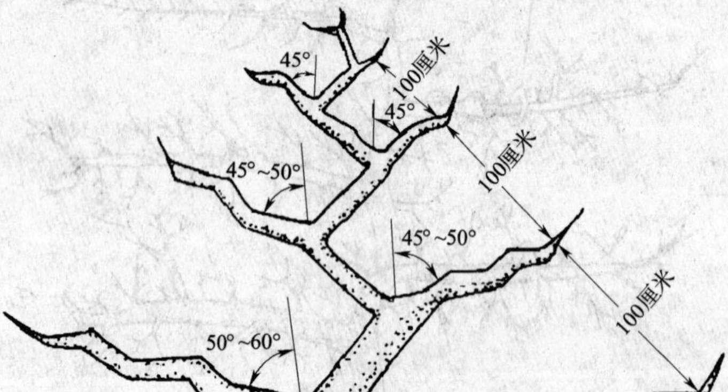

图 4—13　骨干多曲扇形结构图

4. 多曲柱形

树高2.5～3.5米，冠径2米左右。没有主枝，以大、中、小各类枝组代替。各类枝组合理排列在弯曲的中心干上。中心干在整形期间每年弯曲1次，升高30～40厘米，在弯曲处留一个侧枝或大型枝组。这种树形适于密植，一亩栽植100株左右。多曲柱形如图4—14所示。

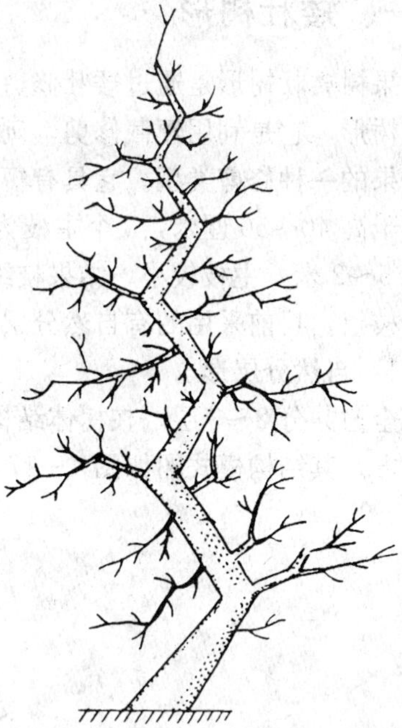

图4—14　多曲柱形

5. 直线延伸扇形

树高4～4.5米，干高60～70厘米，树冠宽4～5米，树冠下部垂直于行向的厚度为2.5～3米，共分3～4层，每层有两个主枝，对生，顺着行向。每个主枝上只有小侧枝及枝组。基部主枝上有2～3个小侧枝，越向上层，主枝上的小侧枝越少、越小。小侧枝一律选背斜侧，以保证主枝正常延伸和控制树冠、冠幅。主枝角度为45°～55°。层内距为5～10厘米。每层层间距为1米左右。直线延伸扇形枝组分布如图4—15所示，直线延伸扇形树体结构模式图如图4—16所示。

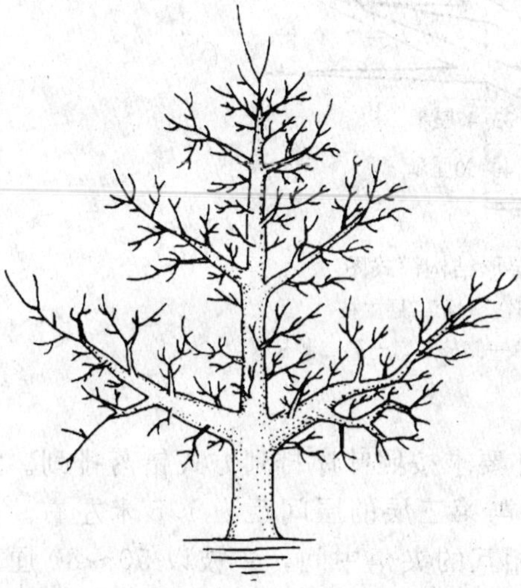

图4—15　直线延伸扇形枝组分布图

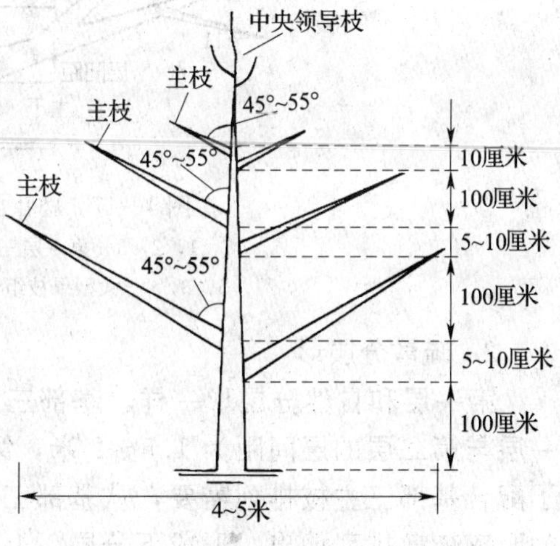

图4—16　直线延伸扇形树体结构模式图

十一、矮壮树形

果树矮壮树形是通过矮壮修剪，将果树修剪成矮小健壮、圆满紧凑的矮干矮冠圆锥形的树形。它是利用短截修剪，刺激枝条基部的潜伏芽（隐芽、懒芽），使其萌发、开花结果的一种修剪类型。它具有短果枝结果、近主干结果和方体结果的特点。树高3～5米，干高 40～50 厘米，5 个主枝为两层，层距较大，层次少，每一层至次一层的距离为 1.5～2 米。主枝较小，结果枝组较多，所留的枝条顺着叶序排列，并着生分布各型结果枝组。目前采用的有自然分层形和疏散分层形两种树形。

1. 自然分层形

全树共分 2～3 层。在树体结构上有明显的层距与层间距，这是与疏散分层形不同的地方。其结构模式图如图 4—17 所示。

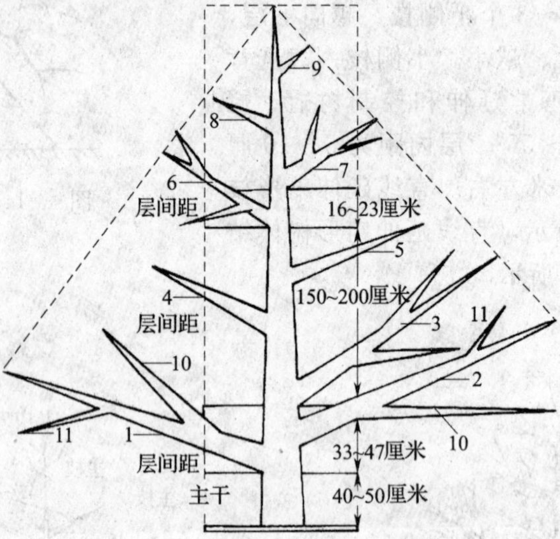

图 4—17　矮壮自然分层形结构模式图

1，2，3—第一层三主枝　6，7—第二层主枝

4，5，8，9—大型果枝组　10—第一侧枝　11—第二侧枝

2. 疏散分层形

第一层和自然分层形一样，基部三主枝亦要求按照叶序排列方式错落排列。第一层与第二层的层间距为 1.5～2 米，第二层与第三层的层间距为 1.5 米左右。为了配合基部三主枝排列需要，从基部三主枝相互的夹角中间，主枝以 50～80 厘米的距离疏散排列伸出，形成下分层、上疏散的疏散分层形。其结构模式如图 4—18 所示。

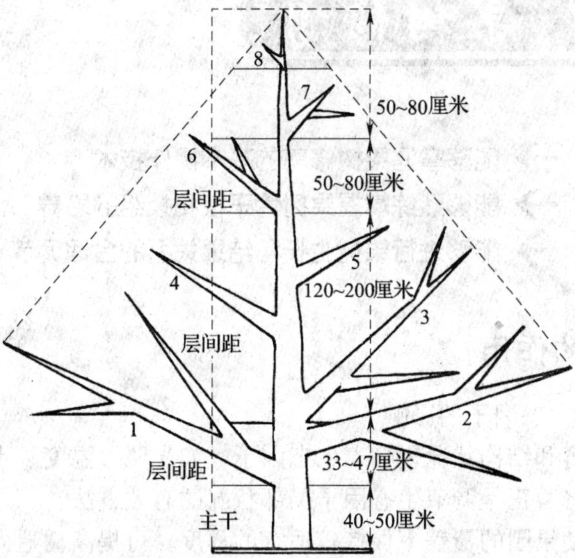

图 4—18　矮壮疏散分层形结构模式图

1，2，3—基部三主枝　4，5，8—大型结果枝组　6，7—二层三层的主枝疏散排列

矮壮树形幼树定型修剪的程序如图 4—19 所示，苹果矮壮树形开张角度形成的方法如图 4—20 所示。

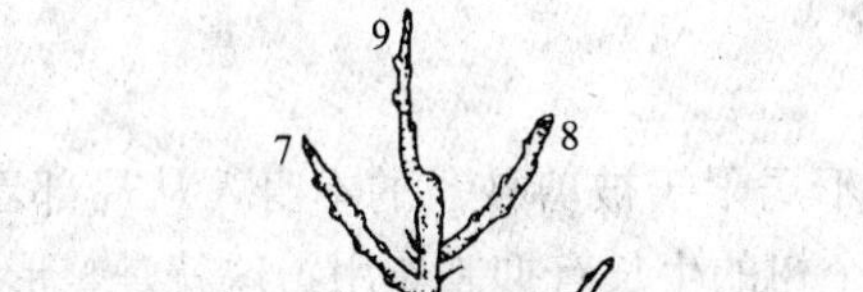

图 4—19　矮壮树形幼树定型修剪的程序

1，2，3—第一层主枝　4，5，6—结果枝组

7，8—第二层主枝　9—中心主枝

10—第一侧枝　11—第二侧枝

图 4—20　苹果矮壮树形开张角度形成的方法

第二节　果树修剪

培训目标

- 能够掌握果树修剪的基本操作技术
- 能够熟练掌握果树骨干枝和枝组的培养
- 能够进行果树生长和结果关系的合理调节

一、整形修剪的作用

1. 整形修剪对生态因子的影响

果树的生长发育和结构状况影响着生态因子（如光照、温度、水分和二氧化碳）的局部变化，而整形修剪正是调节生态因子局部状况的有效方法。

合理的整形可使果园的覆盖率保持较适宜的程度，可提高树冠内散射光的强度，以充分发挥树冠内外所有叶片的光合效能。

整形修剪可改善果园和树冠内外的空气流通状况，减少了树上的生长点和叶面积，使叶片的总蒸腾量减少，相对地提高了根系的吸收作用，从而起到开源节流的作用，使树体的温度和水分保持较为适宜的程度。整形修剪中所提出的“三稀三密”的原则，既较好地体现了修剪对生态因子的调节，又提高了树体抵御风害、旱涝和日烧、病害的能力。

2. 整形修剪对果树的双重作用

整形修剪的对象是各种枝条，其作用范围并不局限于被剪枝条的本身，从局部看，它可增强被剪枝条的生长势，从整体看，则对整个树的生长有抑制作用，这就是整形修剪对果树的双重作用。

3. 整形修剪对生长结果的影响

有足够的枝叶才能为生长发育和开花结果积累足够的营养物质。若生长过旺，用于满足新枝叶所需的营养消耗大于营养积累，则会因营养不足而影响花芽形成，不利于结果。相反，如果结果过多，消耗大量营养，树体就会因营养亏损而变弱，不能保证连续结果。整形修剪可以调节枝条生长和开花结果的关系。

二、整形修剪的依据

1. 自然环境和当地条件

自然环境和当地条件对果树的生长有较大的影响。在土壤瘠薄的山地、丘陵地和沙地，果树的生长发育往往受到限制，树势一般表现较弱，整形应采用小冠型，主干可矮一些，主枝数目相对多一些，层次要少，层间距要小，修剪应稍重，多短截，少疏枝；在土壤肥沃、地势平坦、灌水条件好的果园，果树往往容易旺长，整形修剪可采用大冠型，主干要高一些，主枝数目适当减少，层间距要适当加大，修剪要轻；风害较重的地区，应选用小冠型，降低主干高度，留枝量应适当减小。

2. 品种和生物学特性

萌芽力弱的品种，抽生中短枝少，进入结果期晚，幼树修剪时应多采用缓放和轻短截；成枝力弱的品种，扩展树冠较慢，应采用多短截少疏枝。

3. 果树的年龄时期

生长旺的树宜轻剪缓放，疏去过密枝注意留辅养枝，弱枝宜短截，重剪少疏。

4. 枝条的类型

由于各种枝条营养物质的积累和消耗不同，所以各枝条所起的作用也不同，修剪时应根据目的和用途采取不同的修剪方式。

5. 地上部与地下部的平衡关系

果树的地上与地下两部分组成一个整体。叶片和根系是营养物质生产合成的两个主要部分。它们之间在营养物质和光合产物的运输分配中相互联系、相互影响，并由树体本身的自行调节作用使地上和地下部分经常保持着一定的相对平衡关系。

结果数量也是影响地下部分生长的重要因素。在肥水不定时，必须进行控制坐果量的修剪，以保持地下、地上部的平衡。如坐果太多，则会抑制地下根系的发育，树势就会衰弱下去，并出现大小年的现象。

三、果树修剪的时期

1. 冬季修剪

落叶果树的冬剪时期是在果树落叶后，从进入休眠期开始至果树树液流动前这段时间。这时正是农闲，有利于劳力安排，尤其是这时剪去枝梢，树体养分损失少，可促进树体及所留枝条抗寒力的提高和花芽的发育充实。所以，此期为落叶果树最适修剪期。本时期主要修剪任务是对每棵果树进行全面整形修剪，协调主从关系，即结果枝与辅养枝的配比、果枝组的安排、树体上下内外的整体关系。

2. 花前复剪

当春季花芽膨大、用肉眼可以明辨出花芽的外形时，是花前复剪的良好时期。本期主要修剪任务是进一步调整果枝与营养枝、花芽和叶芽的比例，并可采取适当的疏花蕾措施。

3. 夏季修剪

夏季修剪是在果树发芽后，枝叶生长时期进行的修剪，其措施有摘心、抹芽、除副梢、拧梢、圈枝、环剥、拉枝、缚枝等。其主要任务是削弱枝势与树势，改善通风透光条件，促进花芽形成，并对病虫害采取人工防治措施。

4. 秋季修剪

秋季修剪是在果树采果后、落叶前，为了对全树进行决定性的调整，截锯那些矛盾突出、影响光照的大枝，此时带叶去枝，更容易看出光照的矛盾焦点。其主要任务是去大枝，解决光照，促使花芽充实饱满。但去大枝不宜过多，可分年度去除，并特别注意锯口要用保护剂涂抹，防止病菌侵染蔓延。

四、冬季修剪的方法

1. 短截

剪去枝条一部分称为短截，又称为短剪。枝条经短截后，可刺激生长，抽生较多的枝条，一般近剪口几个芽抽枝较长，特别是剪口下的第一个芽生长最强，但如剪口过于贴近剪口芽，则影响剪口芽抽枝，而第二个芽则生长旺盛。有时为了防止剪口芽生长过旺或为了培养第二个芽的生长，往往采用此种剪法。短截的强弱（即长或短）不同所产生的反应也不同。

（1）轻短截（见图 4—21）。只剪除枝条的不充实部分或顶芽，一般只剪除秋梢部分及盲芽，对枝条的刺激不大，抽生的枝条软弱，可缓和树势。

（2）中短截（见图 4—22）。于饱满芽处剪截，剪后能抽生中、长枝条，保持原有的生长势，适用于延长枝、骨干枝及腋花芽结果枝条的修剪。

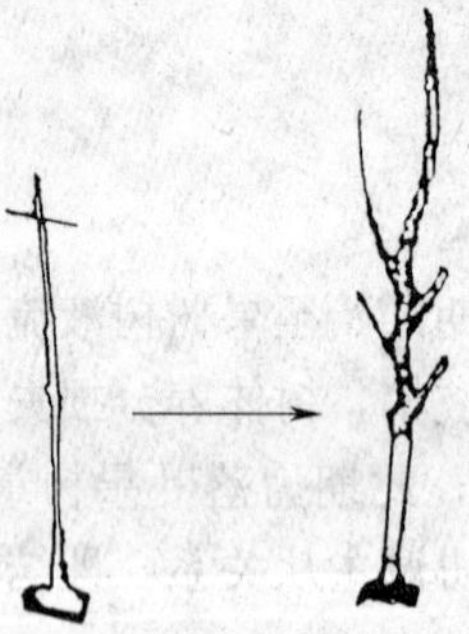

图 4—21　轻短截

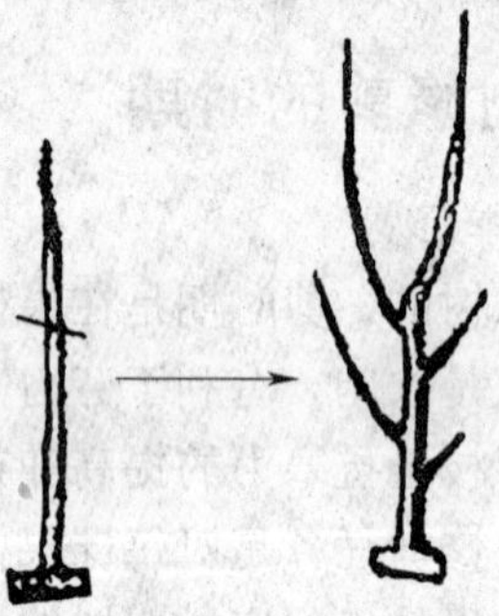

图 4—22　中短截

（3）重短截（见图 4—23）。剪去枝条的 1/2～2/3，剪后抽生 1～2 个强枝，一般用以培养结果枝组。

（4）超重短截（见图 4—24）。仅于枝条基部留 1～2 个弱芽的剪截，剪后一般只能抽生 1～2 个弱枝，也可能抽生一个强枝。可控制和改造直立的旺枝和竞争枝。

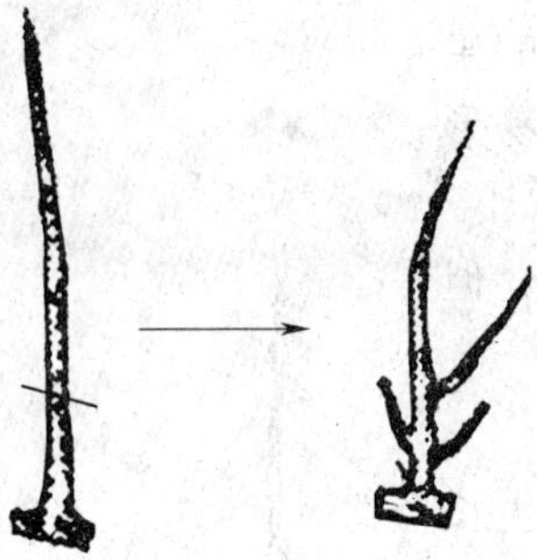

图 4—23　重短截

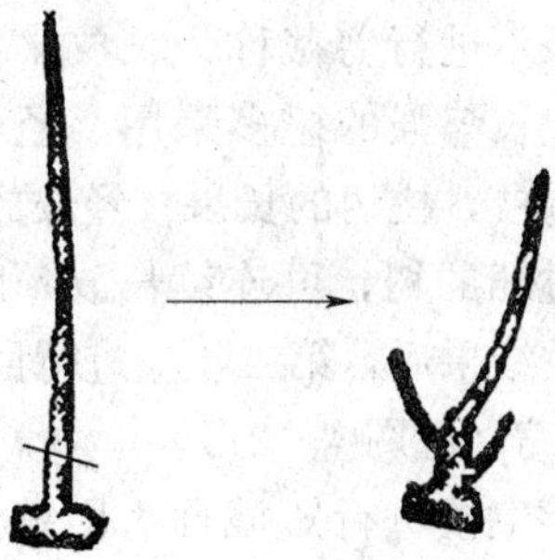

图 4—24　超重短截

2. 疏枝

将枝条从基部剪除称为疏枝，又称为疏剪，如图 4—25 所示。经过疏枝可改善树体的通风透光条件，增强同化作用，降低养分消耗，促进花芽形成，增强伤口下部枝条的生长能力。一般均疏除过密枝、病虫枝、下垂枝、骑生枝、平行枝、轮生枝、把门枝、徒长枝、竞争枝等。

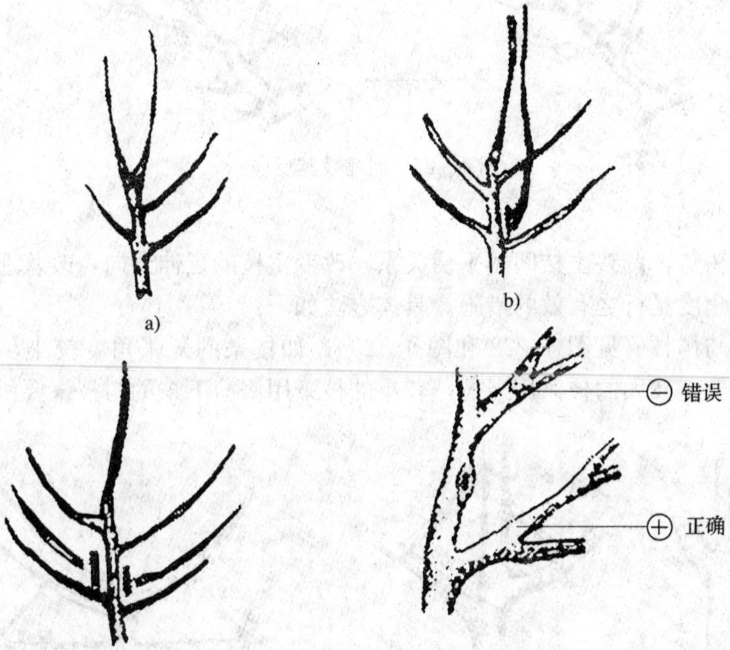

图 4—25　疏枝

a）疏除竞争枝　b）疏除徒长枝　c）疏除过多枝条　d）疏大枝

3. 长放（见图 4—26）

对枝条不进行剪截称为长放。长放可缓和枝条的生长势，对生长势强的树多采用。经长放的枝条，容易形成中、短果枝，桃树的长果枝经长放后，坐果明显增加。

长势过旺的树，可连续长放，以形成花芽结果，但第一年长放结果后，第二年应进行回缩修剪。

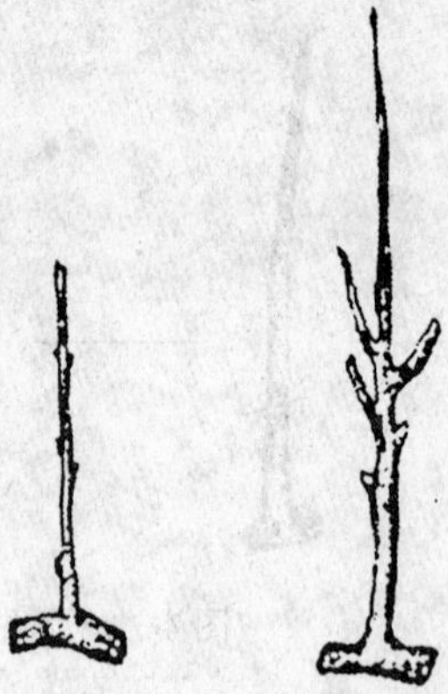

图 4—26 苹果一年生枝长放的反应

4. 回缩（见图 4—27）

对多年生枝进行短截称为回缩。对伸展过长、生长势转弱的多年生枝条，选留其上较强的枝条处剪截，以达到复壮的目的。有的则剪除先端较强部分，起到控上促下的作用。所以，回缩的目的主要是为了恢复和平衡树势。

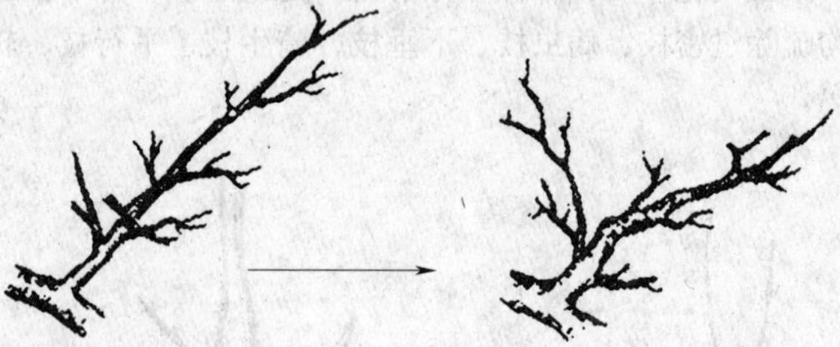

图 4—27 回缩及其反应

5. 角度调整

为了缓和树势，调整主枝间的平衡关系，改变主枝的延伸方向，改善通风透光条件等，调整开张角度是行之有效的措施。具体方法如下：

（1）拉枝与撑枝（见图 4—28 和图 4—29）。如枝条的开张角度较小，可用绳拉或树枝及木棒撑开，较大的枝条用绳拉，较小的枝条用修剪下来的树枝（要留枝丫，以利

a） b）

图 4—28 撑枝
a）撑枝前 b）撑枝后

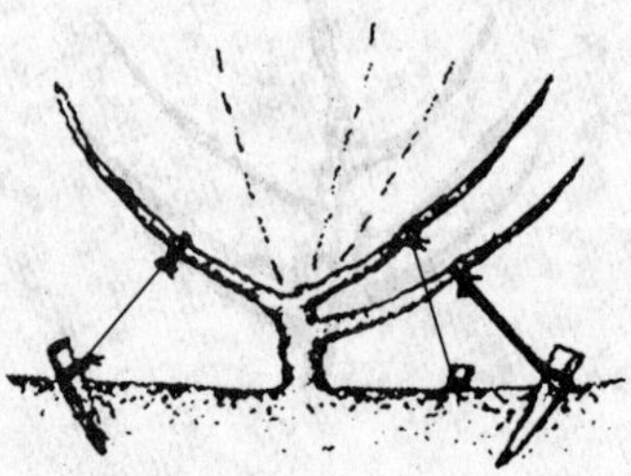

图 4—29 拉枝

于固定）撑开。有些树种（如梨树）的枝杈处易裂开，拉枝前可于分叉处打一个“8”字结，然后再拉。

（2）吊枝与支撑。如枝条的角度开张过大，可用此法。对位于树冠中、上部开张的枝条，可用绳吊；对下部开张的大枝可用木棍支撑。

（3）里芽外蹬。即剪口芽朝里，第二或第三个芽朝外，第二年将剪口抽生的枝条剪除，则第二芽抽生的枝条角度较大，如角度还不够大，可留第三芽抽生的枝条，以获得较大的开张角度。多用于骨干枝的延长枝的角度开张。

（4）转头换主。原主枝的开张角度不合适，可选其下生长势较强、角度合适的枝或枝组代替，并将选留枝的上部枝或枝组去除。也可分两年进行，第一年去强枝留弱枝，这样如弱枝上有花芽，还能结果，同时也不至于过分地削减树势。

五、生长期修剪的方法

在果树整个生长期进行的修剪和对果树施行的一定的手术均称为生长期修剪，包括以下一些方法。

1. 花前复剪

花前复剪可弥补冬季修剪的不足，如仁果类果树的花芽与中间芽在冬季常分辨不清，可于春季花芽膨大时再根据花量补剪。其他树种的花芽经核查如过多也应疏减。对花量少的树，可疏除和剪截一部分密集的营养枝。

2. 摘心

摘除枝条顶端的幼嫩部分称为摘心。摘心能抑制新梢生长，促进萌芽分枝，并可减少养分消耗，有利于花芽形成和提高坐果率。

摘心的时间因树种、品种以及摘心的目的而不同。在生理落果前对苹果果台的副梢摘心可提高坐果率，坐果后摘心可加快果实膨大速度，使其提早成熟和提高品质。葡萄在花序以上留 8～10 叶摘心，可提高坐果率和促进冬芽发育充实。桃树于 5 月对生长枝新梢摘心，可保证二次枝形成花芽。

3. 抹芽除梢（见图 4—30）

抹除刚萌发的芽称为抹芽，或称为除萌。在新梢旺盛生长时，疏除过密的新梢，称为除梢。抹芽除梢可选优去劣，节省养分，改善光照，减少生理落果，并避免造成较大伤口。所以，抹芽除梢可起到事半功倍的效果。

4. 刻伤（见图 4—31）

用快刀横割枝条的皮层，深达木质部，称为刻伤，又称为目伤。刻伤的位置不同，所起的作用也不同。生长期在芽或枝的下部刻伤，可阻止叶片光合作用时所制造的有机养分向下运送，阻止根部的水分和无机盐向上运送，以增强下部芽及枝的生长势，促进花芽形成和枝条充实并可提高坐果率。如对枝条进行纵割，深达木质部，可使枝条增粗。

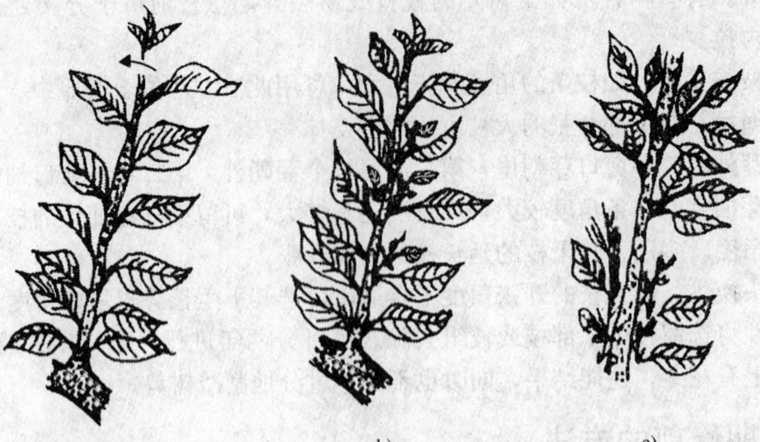

图 4—30　摘心、抹芽和除梢
a）摘心　b）抹芽　c）除梢

5. 扭梢（见图 4—32）

对生长过旺、直立而不结果的枝条，在其基部扭伤，并置于水平或下垂状态的方法，称为扭梢，又称为拿梢。经扭伤的部位，木质部和皮层均已受损，这样就暂时阻止了水分和养分的运送，减缓了枝条的生长势，可促使枝条充实和花芽分化。

图 4—31　刻伤及其反应

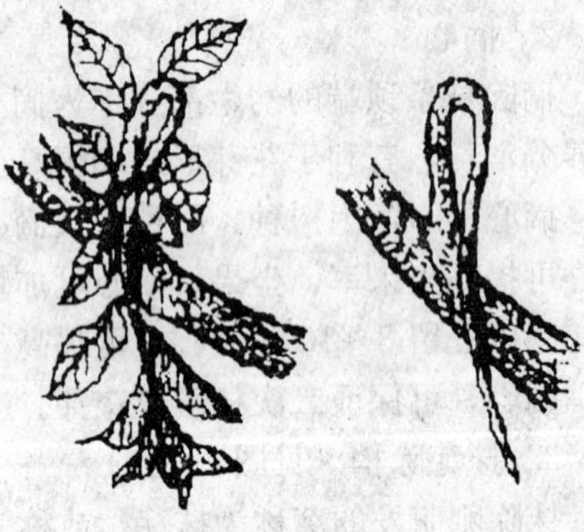
图 4—32　扭梢

扭梢较短截和摘心的刺激性小，不致萌发二次枝。一般于 5—7 月在枝条半木质化时进行。方法是用手握住新梢基部，缓缓扭转 180°，使皮层和木质部稍有裂痕，但不能使枝条折断。

6. 曲枝与圈枝（见图 4—33）

曲枝就是将直立的枝条弯向水平或下垂方向生长。圈枝是将生长旺盛的长枝弯曲成圆环，或把两个枝相互结成圆环。

曲枝和圈枝都能缓和生长势，促进花芽分化，但对枝条向上部分萌发的芽和强枝要去除，使其发生中、短枝。

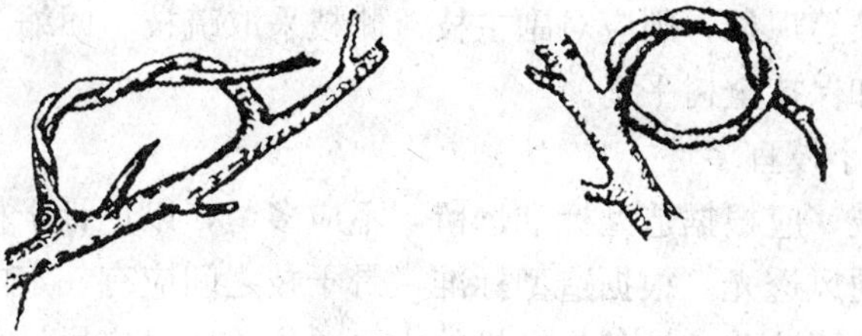

图 4—33　圈枝

7. 环状剥皮（见图 4—34）

在枝干上剥去一圈树皮称为环状剥皮，简称为环剥。环剥的宽度一般为直径的1/10，直立旺盛枝可适当加宽，一般为 0.3～1 厘米。

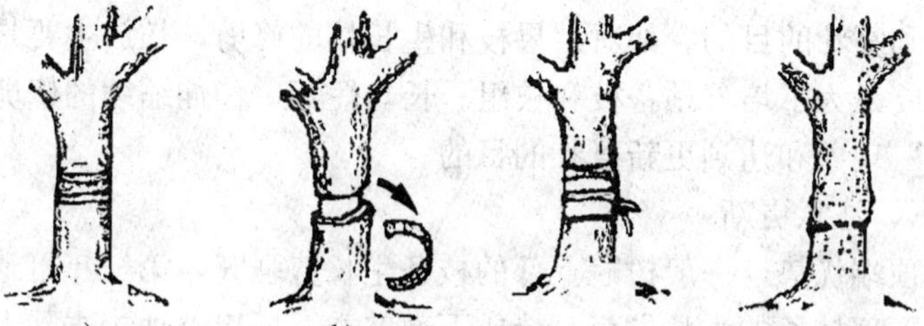

a)　b)　c)　d)

图 4—34　环状剥皮

a)，b)，c）剥皮过程　d）30 天后愈合状

通过环剥可有效地阻止伤口以上有机养分向下运送，增加养分积累，有利于花芽分化和提高坐果率。

环剥时间因目的不同而异。为了提高坐果率，可于开花末期进行，如桃树为了促进花芽分化，可于 5—6 月进行。

果树的夏季修剪工作如果做好了，冬季的修剪工作就省力得多，并可减少生长期养分的徒长消耗，改善通风透光条件，促进果树的生长和发育。所以，夏季修剪十分必要，也是冬季修剪所不能代替的。

六、基本操作原则

1. 先看后剪，先整大枝

修剪前的第一步先要观察全树，根据枝条上下左右的关系，再决定需要剪除的部分，然后进行修剪。修剪时应先剪除不适宜的大枝及枝组，这样不但可提高工效，更重要的是可均衡树势，并避免因随意修剪时将不应剪除的小枝也剪除掉，而这些小枝是主要的生产性枝条。

2. 从属分明，均衡树势

修剪时应注意枝条的从属关系，以形成牢固的树冠骨架。如副主枝影响主枝生长、侧枝影响副主枝生长等现象，则应对副主枝、侧枝采取疏枝、回缩等方法加以控制，以利于枝条均匀分布和保持全树平衡。

3. 大枝要少，小枝宜多

大枝也即骨干枝，应根据造型标准选留，不应多留，以免骨干枝上抽生的枝条相互碰头，影响生长和通风透光。根据造型标准，骨干枝之间应有一定的距离。这样小枝多些也不致相互碰头，而这些小枝又是结果的主要单位，所以应尽量多留。

4. 长长短短，伸伸缩缩

有放有缩的意思是使被放和被缩的枝都有合理的空间。修剪时，除被疏除的枝条或枝组外，对同一侧或同一平面上邻近且相似的枝条或枝组，应掌握一放一缩的原则，使被放的枝条有良好的生长和结果条件，而被缩的枝条或枝组也有一定的空间，以抽生良好的预备枝或达到复壮的目的。如对结果枝和生长枝的修剪，长放主要是为了结果和扩大树冠，短留主要是为了培养预备枝和枝组。长长短短、伸伸缩缩的修剪方法，可较好地克服“大小年”现象和达到更新复壮的目的。

5. 控上促下，注意更新

由于枝条的顶端优势，一般树冠上部的枝条生长势强旺，第二年可继续抽生较强枝条，这样会影响下部枝条的生长发育，造成下部空秃。所以，适当去除上部强枝，可改善中、下部的光照条件和养分分配，有利于中、下部枝条的萌芽抽枝和形成花芽结果。同时，中下部一些枝组由于多年结果后，造成结果部位上移和下部空秃，必须选适当部位回缩更新。对空秃部位抽生的强枝应加以利用，培养结果枝组。

6. 冬夏并重，调节生长

冬季修剪和夏季修剪的作用不同，但具有同等重要的地位。冬季修剪虽是造型的基础，但如果没有夏季修剪加以补充，就会造成枝条紊乱，通风透光不良和养分的徒劳消耗，从而影响花芽的形成，同时还容易发生病虫为害。所以，冬剪和夏剪是相辅相成、缺一不可的。

七、骨干枝的培养

刚定植的果树，定干后可不抹芽，应多留枝叶，以辅养树体。冬剪时，选方位合适、生长均衡的枝条作为主枝，影响骨干枝（主、侧枝）生长的枝条要及早去除，其他枝要轻剪或不剪。一般要求第一层主枝的开张角度为50°～60°，注意保持树体上下的均势，主枝强的应多留辅养枝，延长枝的剪口芽要饱满，对侧枝的培养要注意方位，各级枝条要从属分明。为及早培养树形，可于定干后的生长期内有目的地选择主枝，当主枝达到一定长度时及时摘心，促发分生侧枝，对影响主枝生长的枝条进行疏除，并用拉、撑的方法，调整主枝的角度和方位，其他措施不变。

八、枝组的培养

在主、侧枝上的适当空间选留枝条，以备培养枝组之用。枝组是主要的结果单位。具体的培养方法有三种。

1. 先放后缩法

对长势中等或偏弱的枝条，先长放，待形成花芽或结果后再行回缩，称为先放后缩法。对坐果率高、具有腋花芽结果习性和生长势强的品种，多采用此法。

2. 先截后放法

在空间大、枝量少的部位，对长势中等或较强的枝条，应进行重短截，以促发分枝，第二年再采用先放后缩法，逐年培养中、大型结果枝组。对无腋花芽结果习性、生长势弱、枝量少的品种，多采用先截后放的方法培养枝组。

3. 枝组复壮

对结果多年的枝组，应掌握“去远留近、去斜留直、去弱留强、去老留新”的原则，及时回缩并适当利用徒长枝，以恢复枝组的生长势。

九、调节生长和结果的关系

对于花芽过多的“大年树”，应加重疏除多余花芽、短截部分发育枝和长果枝，适当长放一部分 1～2 年生枝，更新部分老结果枝组，尽量增加叶芽数。一般掌握花芽与叶芽的比例为 1∶3。

对“小年树”，结果枝要轻剪，副梢花芽也要保留，凡能结果的枝条均要保留。对生长弱的枝组要进行回缩。对新梢要多短截，以促发多抽生枝条，减少当年花芽的形成数量，以免再造成“大年”。

十、修剪程度的确定

当进行修剪时，某一树或某一枝应以何种程度进行修剪最为合宜，应依树的年龄和枝的粗细、长度、位置及其周围的状况等来决定。

1. 幼树宜弱剪

幼树栽植后，生长正旺，希望其迅速形成树冠，为了整枝，使树冠整齐，只宜进行最低限度的修剪，切不可进行强剪。如果进行强剪则全树的生长不良，而个别枝梢徒长，结果迟延。当幼树开始生花芽时，因其树冠尚未充分长大，宜限制结果，将结果枝或花芽完全除去，或疏除一部分，使不结果或少结果。

2. 随树龄和结果的增加逐渐加强修剪

果树成年以后，结果增多，树势逐渐转弱，宜逐渐加强修剪进行调节，以刺激其生长。

3. 老衰期应多除去结果枝，使其减少结果，并尽量保留生长枝，使叶面积增加。果树进入老衰期后，新梢的生长较弱，花芽的着生加多，如任其发展，则会使新梢的生长更弱，叶面积和果形均较小，最后花芽的着生亦减少，故对于老衰期果树宜多剪去结果枝，并尽量保留叶芽或生长枝，使花减少而叶加多，以恢复树势。

4. 同一株树的各主枝生长不平衡时，则强枝宜强剪、弱枝宜弱剪，这样可以使各主枝的生长得到平衡。此外主干上所生主枝依上下部地位的不同，往往在下部者弱而在上部者强，故根据强枝强剪、弱枝弱剪的原则，下部的主枝修剪时宜留得长，至上部则渐短，这样树冠各部生长易于得到平衡。

5. 在同一株树侧枝中强者宜弱剪，弱者宜强剪。为使侧枝能生成结果枝，希望其所发生的枝梢能有中庸的生长。若强枝强剪，则所留部分短，易于使其再发生强枝，而不能变成结果枝或结果母枝；弱枝弱剪，则所生的枝梢生长太弱，也不会开花结果。只有强枝弱剪、弱枝强剪，才能使所生新梢强弱生长中庸，有转变成结果枝或结果母枝的希望。

第三节 果树不同年龄时期修剪特点

培训目标 → 能够了解不同年龄果树修剪特点

一、幼树期修剪

从苗木定植到开始结果的一段时间为幼树期，为 3～5 年。这一阶段是果树骨架及树冠的形成时期。其特点是生长旺盛，树体较小，枝叶较少。因此，应当利用生长旺盛的优势，因势利导，促进营养生长，扩大树冠，以利早结果。

1. 1～3 年生的幼树

对于 1～3 年生的幼树，修剪应以促发为主，定干时应留壮芽。第二年，选留的骨干枝采用中截留壮芽的修剪法促发旺枝。同时注意基角的开张，对其他枝条轻剪或缓放，促使多发中短枝。第三年，除继续培养骨干枝外，对其他枝条宜采用缓（多缓放、少疏枝）、拉（直立枝下拉缓势）、曲（旺枝曲枝缓势）、截（对需要促发旺枝的枝条短截）以及摘心、环剥等综合修剪措施。

2. 4～5 年生的树

4～5 年生的树枝叶量迅速增加，修剪应以缓为主，适当增加小枝数量，以调节树体内的营养分配，缓和树势，使部分营养枝迅速转化为结果枝，开始少量结果。

这一时期主要是利用平斜枝、细弱枝培养结果枝，修剪应采用轻截、缓放。对短枝和腋花芽枝都应缓放。对中枝多采用破顶芽的剪法促发小短枝形成花芽，也可采用“戴帽”剪法。中庸枝、细弱枝一般不截，使树上形成较多的老龄枝（即树龄小、枝龄老），以利早结果。在整形方面，要在继续培养骨干枝的同时，注意骨干枝腰角的开张。

二、始果期修剪

始果期的树冠已有一定体积，多数一、二级骨干枝已初步形成，枝叶量明显增加，4～5 年生时，有意培养的结果枝已开始结果并逐步形成各类枝组。修剪应采用截缓结合、以缓为主的方法，控制直立枝，多利用群枝结果。缓枝时应注意“五缓”和“三不缓”，即平、斜、细、弱、腋花芽枝宜缓，竞争枝、直立枝和徒长枝不缓。

三、初盛果期修剪

初盛果期的树冠进一步扩大，结果逐年增多，同时，由于前期采用轻剪缓放修剪法，树冠出现枝叶过多、通风透光不良的现象，其中用来结果的小枝容易转向衰弱，内膛容易出现光秃现象。为了给初盛果期的生长结果及盛果期的大树丰产打好基础，应着手处理各种已经出现的问题，采用的方法是开、疏、缩、截、放，重点是促内膛，即通过疏枝、回缩、短截、长放和开张角度相结合的修剪方法，解决内膛的光照和通风问题，使树冠进一步开张，加大层间距，保持适当的叶幕距，使树冠内外见光，层层见光。初盛果期的修剪，应在前期整形修剪的基础上，基本完成各级骨干枝（主枝、大侧枝）的选留，对中心干要采用重短截的方法加以控制，为落头开心做好准备，并继续培养前期选出的骨干枝。角度小的换头开张，在注意培养枝组的同时，适当疏除过密的细弱枝组。枝势旺的要缓和枝势，枝势弱的要更新复壮，促发新枝。通过以上这些方法，调节好生长和结果的关系，为大树丰产打好基础。

四、盛果期修剪

在盛果期，树形已固定，骨架已形成，结果量逐年增加，营养生长逐年减弱。修剪的任务主要是平衡树势，调节生长与结果的关系，防止出现大小年现象，特别应注意使树冠内保持光照充足，防止结果部位外移，并及时更新枝组，保持枝组健壮，尽量延长盛果期年限。

1. 主枝的修剪

在盛果期，树上的各层主枝应继续保持一定的生长优势。对层间距较小或主侧枝过多、角度较小、影响冠内通风透光的树，需加大上下层主枝角度，控制上层枝背和下层枝背上枝组的数量及其大小。对枝头下垂或衰弱的树，要及时培养和利用上枝、上芽，抬高枝头角度，均衡树势，保持良好的从属关系。对盛果期生长较弱的树，要疏剪弱、密枝，并多用中截，以促进其生长势。随着各级骨干枝的长大，对辅养枝要适当回缩或疏除，或改为枝组。对主枝前端旺长直立的枝条，应当疏剪或短截，以保证内膛枝组的生长势。对延长枝的竞争枝，可在弱芽上重截，或采用疏剪。

2. 结果枝组的更新复壮

对结果枝组要根据其着生部位、树势强弱及全树结果枝和营养枝的多少，采取以短截为主、疏剪为辅、有放有缩、放缩结合的方法调节，使其不断更新复壮。缩剪时要注意：有壮芽当头或后部有预备枝时可进行缩剪，以保持枝组健壮，防止缩剪过重造成橛子枝或缩剪过轻造成光秃；对于长放枝应及时缩剪，以防止后部枝生长衰弱或形成小光秃。只有适时适度更新调节，才能使枝组保持健壮。

3. 克服大小年的修剪

要想克服大小年结果现象，首先要加强土、肥、水管理，增加或改善其光合效能，然后采取修剪措施。具体修剪可采用“三套枝”的剪法，即在每株树上每年留一定数量的营养枝辅养树体，以维持其正常发育；留一定数量的预备枝，促使其当年形成花芽以备来年结果；留一定数量的花芽枝促使其当年开花结果。“三套枝”的剪法可促使果树年年正常生长、成花和结果。另外还应注意对大年树进行花前修剪，要适当疏除老、弱、短果枝和适当短截中、长果枝以减少花量；缓放中、长营养枝，使之多形成花芽以备来年（小年）结果。小年时，应尽量保留花芽，多短截营养枝，使之少形成花芽，防止下年出现大年结果。在调整当年的花量时（主要指大年修剪），可采用疏花疏果的方法控制产量，以达到合理负载的目的。

五、衰老期修剪

果树进入衰老期，如果管理跟不上，就会出现新梢生长量大幅度下降，内膛枝组衰弱或枯死，结果部位外移，或树冠不完整，短果枝多，结果少，修剪反应不敏感，伤口不易愈合等衰老现象。对衰老果树的修剪，应注意抬高主枝角度，短截时留壮枝、壮芽当头，以促生分枝，并疏剪细弱过密枝，多利用徒长枝或直立枝更新树冠。

第四节 几种不正常树的修剪改造

培训目标 → 能够掌握“大小年”树和老树更新的修剪技术

一、低产旺树的修剪

低产旺树多因修剪不当引起，如对主枝的角度开张过小或始终未采取开张角度、对主枝的角度开张过大、修剪过多或中截过多。有的果树生长虽不过旺，但由于枝量过多，上部和外围的发育枝密集，造成树冠郁闭，内膛光秃，叶片早期脱落，减少了后期营养积累，也会造成低产。对这类低产旺树，可针对各种情况分别处理。

1. 主枝背上旺长

对于主枝背上旺长，主要应控制直立枝和徒长枝。修剪应以疏枝和缓枝为主，疏除过密枝和长势过强枝。可保留的旺枝采用别枝、拿枝或发芽后修剪等措施，削弱新留枝的长势。

针对骨干枝背冒条的原因，要采取相应的措施。如果是骨干枝开张角度过大，要抬高梢角，修剪时要克服背后枝缩剪过重，两侧背后要多留枝，并使其适当延长。

2. 直立旺盛不结果树的改造

直立旺树在生产上是比较多的。修剪这类树不能通过重剪刺激生长，否则会造成旺长消耗养料。如全面缓放，又会使背上枝增粗快，造成背上粗枝过多，进而影响骨干枝背下枝和侧生枝的生长。

对于旺树应使旺长限制在局部较小的范围内，使其不致大范围旺长，常采用第一层主枝和中心干互相调节的办法。前期对中心干适当重截打头，刺激旺长，缓和基部三大主枝的生长势力，当三大主枝具有相当枝量后，再对中心干缓放、控制以致结果。

此外，用各种方法把各级骨干枝、大型枝组的开张角度加大，使开张角度达到50°～60°；各级骨干枝延长枝要长留长放，一般留 40～60 厘米剪截，待树势缓和后看情况短截。

对于开张角度后的直立旺枝，可采取环剥、环状倒贴皮、别枝、压枝、圈枝、折伤以及拿枝等措施。对于过多的辅养枝、外围密枝、直立旺枝和内膛弱枝也要适量疏除。压缩改造背上直立枝组，枝组内修剪应去强留弱，一年生枝缓放。这样一般都能达到结果的目的。施肥、灌水可推迟到枝条旺长后的 6 月进行。

二、生长衰弱树的修剪

生长衰弱树的主要表现在外围新梢生长短弱，叶小色淡，内膛壮枝少，细弱枝多；开花多、坐果少；有的挂果虽然多，但果小质量差；有严重大小年现象。造成生长衰弱的主要原因是缺肥、缺水、病虫害严重；连年轻剪长放，未及时回缩以及挂果过多等。

对于这类树除加强肥水管理和植物保护外，在修剪上应去弱枝留强壮枝，去平生枝留直立枝，旺壮枝或徒长枝可短截回缩。短截枝条时用壮枝、壮芽当头，促其萌发强旺新梢，利用徒长枝换头或增养新的结果枝组，减少花芽数量。生长三年内的骨干枝不留花芽。短果枝群除减少花芽之外，要适当回缩更新，但要注意少在骨干枝上造成伤口，尤其是大伤口。

另外，深耕熟化土壤，增加土壤透气性，扩大根系分布层，调节土壤干湿度，增施肥料，也可提高修剪效果。

三、老树更新修剪

果树生长到衰老阶段，枯顶焦梢，各级骨干枝弯曲下垂，结果枝衰老枯死。修剪老树应使结果服从更新复壮，要以恢复树势为主，大枝轻回缩，小枝全面更新复壮。利用树冠内萌发的徒长枝中截增加枝叶，培养新的骨干枝和枝组。截大枝，以刺激萌发新梢，形成新的树冠，延长结果年限。大枝应尽量少疏，少造成伤口，以免削弱生长势，缩短寿命。疏除过多花芽，调节好“大小年”。短截枝条，剪口下应留上芽、上枝，抬高枝条的开张角度，多留背上枝以及向下的饱芽壮枝。此外，应特别加强肥水管理及病虫害防治，使树体迅速健壮扩大。

四、“大小年”树的修剪

果树如果一年产量高，另一年产量低或完全不结果，这种现象称为“大小年”或隔年结果。“大小年”结果的树，寿命短，总平均产量低。造成“大小年”的原因很多，如自然灾害、病虫害、盛果年份肥水跟不上、修剪过分缓放、留花果过多、树体内储藏养分消耗过多致使根系生长衰弱等。“大小年”的根本原因是生长结果失调。

“大小年”结果与树龄有关。一般幼树生长偏旺，结果初期常不表现“大小年”；盛果初期，如管理不当，尤其是修剪不合理，就会出现严重的“大小年”结果现象；盛果期时，“大小年”结果较为普遍，这往往是由于盛果期花量过多，肥水不足，不合理地疏花疏果，修剪跟不上，破坏了生长结果的平衡而造成的。

盛果初期出现“大小年”现象会严重影响产量。从修剪的原因看，主要是因为修剪不合理，而使树体强弱和枝条类型差别很大，结果枝组上枝量少，枝条类型单一化。有时为了培养紧凑的枝组，清理枝组过急，造成枝组的修剪量过大，引起旺长，降低了树体的营养水平，使树体急剧衰弱，从而引起“大小年”结果现象。

要消除这类树的“大小年”结果现象，原则是提高树体的储藏营养水平，培养独立性强的枝组结构。修剪时，旺长部位应轻剪缓放，去旺枝、留壮枝，增加分枝级数，增加短枝量，培养稳定充实的结果枝组，减少养分竞争，节省营养；弱枝组应先养后更新，不可回缩过急，以刺激再一次旺长。

盛果期“大小年”树修剪的具体技术如下。

1. 大年树修剪

对于大年树应按比例破花芽，减少花量，使大年结果不致过多，破花芽的枝条一般第二年还能再形成花芽，以使小年结果，如图 4—35a 所示。大年树在开花前应严格疏花，以辅助冬剪时破花芽的不足，如图 4—35b 所示。大年树的内膛枝应轻剪或不剪，配合土壤管理，促使小年结果，如图 4—35e 所示。大年修剪还可以去大枝，疏密枝，回缩多年生枝，这样虽然大量减少花芽，但由于大年花芽过多，当年不至于影响产量，如图 4—35f 所示。

连续缓放多年的单条枝，常形成一串花芽，修剪时可留 1～2 个花芽回缩，既可保证质量，又有利于枝条复壮更新。衰弱枝组可回缩到后部花芽处。生长势强壮的枝组，可留前截后，前部结果后部形成花芽，修剪时可回缩到后部花芽处，使枝组健壮紧凑，年年结果。

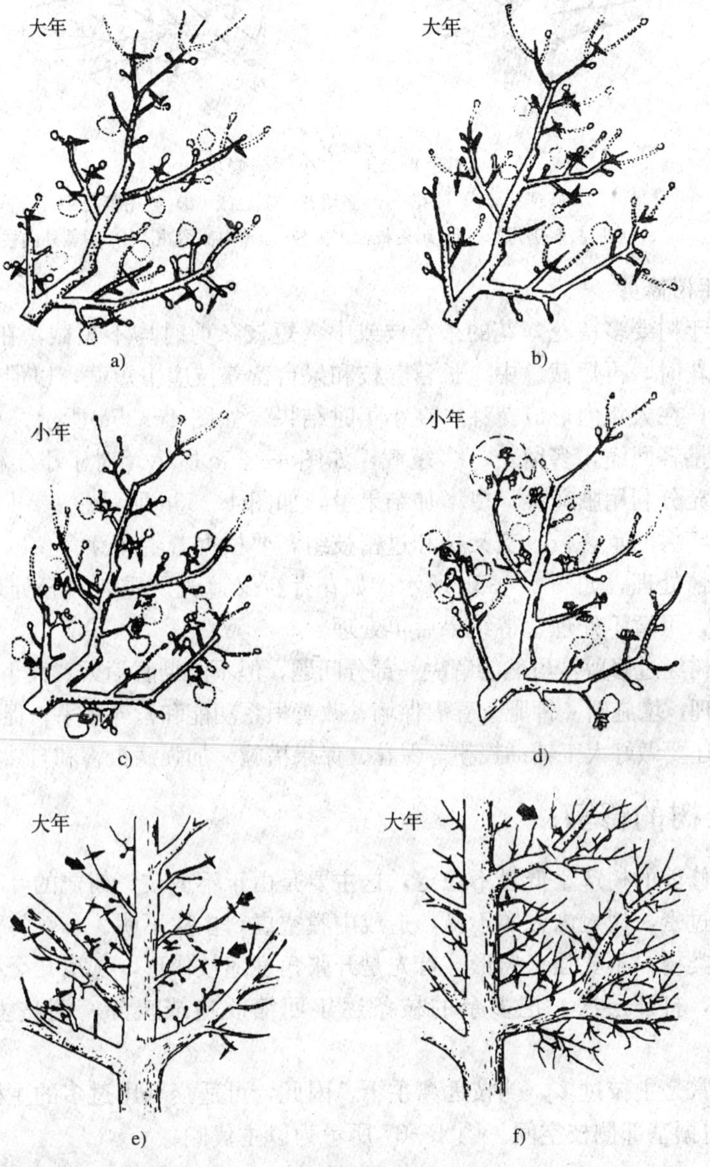

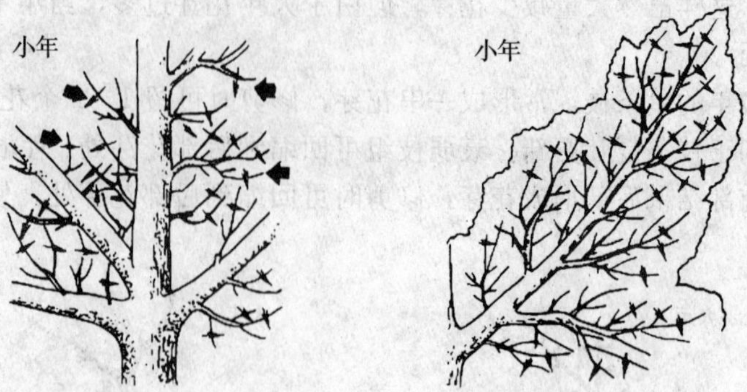

g)　　　　h)

图 4—35　大小年树修剪

a）破顶芽　b）疏花　c）多留花，多短截　d）利用腋花芽

e）内膛枝轻剪甩放　f）疏密枝，去大枝　g）中截留花　h）中截外围枝

单元 4

2. 小年树修剪

对于小年树要多留花，花的果台枝或中、短枝冬剪时均不短截，在花芽将萌动时，能确定不是花时，再短截。中、长营养枝和果台营养枝应中短截，以促使小年发枝，冬季轻剪缓放，在大年内形成花芽，在小年时结果，如图 4－35g 所示。小年修剪结果枝组时，可适量轻回缩，多留花、多短截，如图 4—35c 所示。对于小年树，除保留顶花芽外，还要充分利用腋花芽，以增加结果量，如图 4—35d 所示。

对于小年树的重叠枝、交叉枝和过密枝组，要根据着生花芽多少以及对周围枝组的影响程度酌情处理，如图 4—35h 所示。如花芽少又遮光严重，可轻处理；如花芽多又遮光不严重，可暂不处理，待结果后再处理。

大小年树经过修剪，虽然能解决一部分问题，但不能彻底消灭“大小年”现象。必须加强土壤管理，增施磷、钾肥，春灌保墒，改善根系功能和营养水平，促使生长和发育协调。此外，还要做好人工辅助授粉等保花、保果措施，加强病虫害和自然灾害的防治。

五、放任树的修剪

放任不修剪的树产量低且不稳定，这主要是由于不剪枝，树冠的叶幕层间距小，树冠外围枝条过密，树冠内光照不良，造成内膛空虚，主次不明。

修剪这类树，不要强求树形，首先是开张角度随枝作形，选出几个有前途的枝作为主枝和侧枝，打开层次，把多余的枝条逐年回缩改造或疏除，调整主从关系，如图 4—36所示。

这类树常是主枝过多，侧枝远离主干，因此，可适当利用过多的主枝作为侧枝（以主代侧），占据基部侧枝空间。图 4—37 所示为以主代侧。

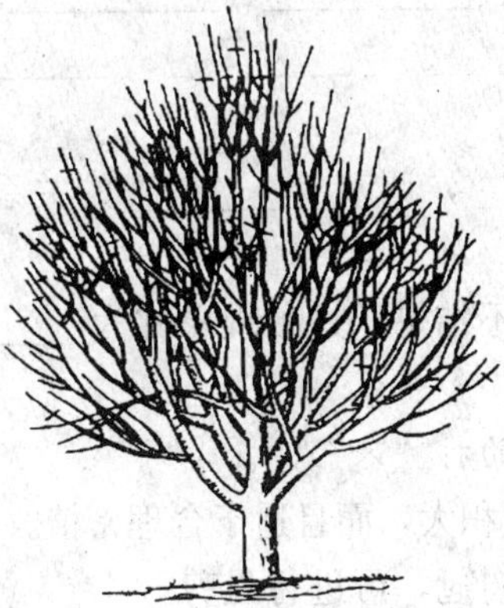

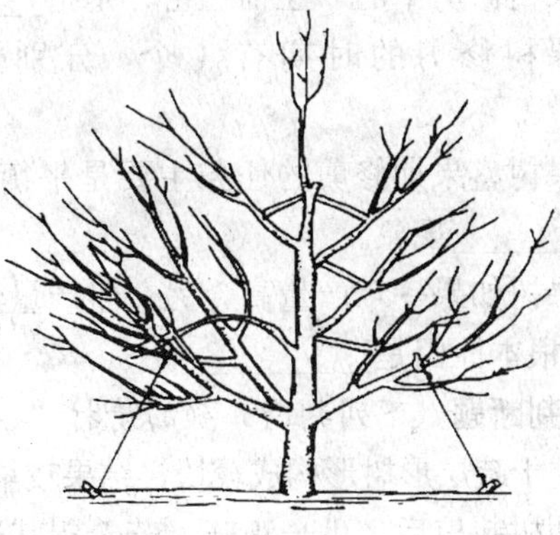

图 4—36　放任树的修剪

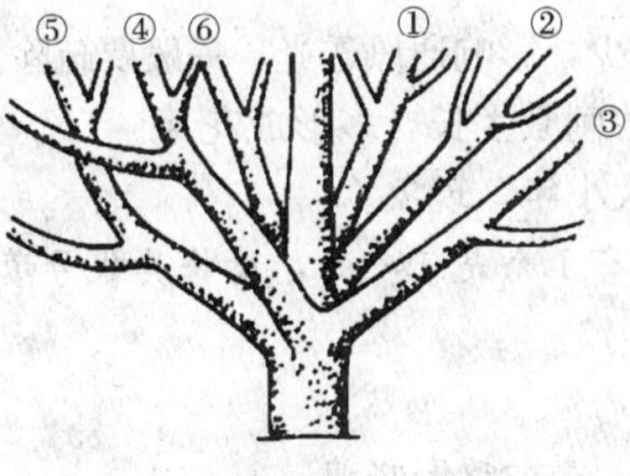

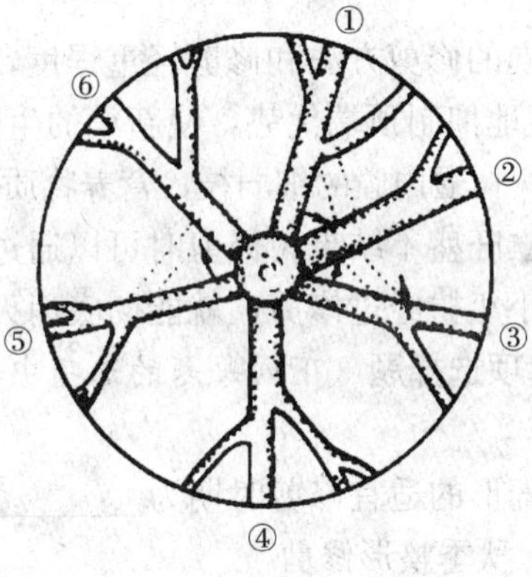

图 4—37　以主代侧

a）侧视图（图中各数字表示主枝数）　b）顶视图（②④⑥为主枝，①③⑤为主枝修剪后当成侧枝）

单元测试题

一、填空题（请将正确的答案填在横线空白处）

1. 果树“十字形”树形可以分为＿＿＿＿＿和＿＿＿＿＿两种。

2. 主干疏层形果树一般基部有＿＿＿＿＿个主枝，全树为＿＿＿＿＿个主枝，分＿＿＿＿＿层。

3. 三挺身树形适用于梨树，这种树形无＿＿＿＿＿，由 3 个较强的近于＿＿＿＿＿构成。

4. 整形修剪对果树的双重作用，从局部看，它可以＿＿＿＿＿被剪枝条的生长势，从整体看，则对整个树的生长有＿＿＿＿＿作用。

5. 果树修剪中的“三稀三密”是指__________、__________、__________。

6. 果树修剪的时期有 4 个，分别是__________、__________、__________和__________。

7. 果树盛果期修剪的任务主要是平衡__________，调节__________的关系，防止出现__________现象。

8. 果树如果一年产量高，另一年产量低或完全不结果，这种现象称为__________，其产生的根本原因是__________。

二、判断题（下列判断正确的请打“√”，错误的打“×”）

1. 主干疏层形树形构成较快，结果较早，结果面积大，而且适于合理密植。（　）
2. 幼树栽植后，生长正旺，若希望其迅速形成树冠，可进行强剪。（　）
3. 果树进入老衰期后，新梢的生长较弱，花芽的着生加多，要想恢复树势，需要多剪截果枝。（　）
4. 不同的修剪方法和修剪轻重程度，对果树生长的影响是不一样的，短截、中度短截可明显地抑制顶端优势，使新梢的生长势减弱。（　）
5. 果树树冠内膛的细弱枝，营养物质积累少，影响通风透光，一般要疏除。（　）
6. 直立旺盛不结果树修剪时可以通过重剪刺激生长，多形成花芽。（　）
7. 大小年树经过修剪，就能彻底消灭“大小年”现象。（　）

单元 4

三、单项选择题（下列每题的选项中，只有 1 个是正确的，请将其代号填在横线空白处）

1. 匍匐形的适宜修剪时期为________。
   A. 秋季整形修剪　　B. 春季整形修剪
   C. 冬春季都可以整形修剪　　D. 冬季整形修剪
2. 冬季修剪是在落叶果树自落叶之后至立春将发芽之前修剪，其间以________为最适期。
   A. 秋季刚停止生长时　　B. 秋末打霜之前
   C. 早春树液即将开始运行之前　　D. 春季萌芽期
3. 剪去枝条的 1/2～2/3，剪后抽生 1～2 个强枝，一般用以培养结果枝组，是指________。
   A. 轻短截　　B. 中短截　　C. 重短截　　D. 超重短截
4. “大小年”结果与树龄有关。一般________的果树，若管理不当，容易出现“大小年”。
   A. 始结果期　　B. 结果初期　　C. 盛果期　　D. 结果后期

四、多项选择题（下列每题的选项中，至少有 2 项是正确的，请将其代号填在横线空白处）

1. 果树整形常见树形有________。

A. 自然开心形　　B. 主干疏层形　　C. 基部三主枝邻近形
D. 圆柱形　　E. 纺锤形　　F. 自然分层形

2. 一般桃树多采用自然开心形，这种树形的优点有________。
A. 修剪操作简单　　B. 树冠开张，通风透光效果良好
C. 方便树体管理　　D. 结果较早，并能获得较高的产量
E. 树形构形较快　　F. 适于密植

3. 下列树形中有中心主干的有________。
A. 基部三主枝邻近形　B. 自然开心形　　C. 十字形
D. 疏散分层形　　E. 三挺身树形　　F. 匍匐树形

4. 栽培上优良的树形需具备的条件有________。
A. 树势一般都比较强　　B. 能充分利用土地面积和空间
C. 日光透射和空气流通较好　　D. 易于整枝，而且能早日完成
E. 各主枝结果能力都较强　　F. 一般对病虫的抵抗力较强

5. 各种修剪方法中，可以减少养分消耗，促进成花的修剪方式有________。
A. 轻截枝条　　B. 适度的疏剪　　C. 回缩
D. 枝条缓放　　E. 抹芽　　F. 夏季摘心

6. 果树夏季修剪的主要任务是________。
A. 调整果枝与营养枝　　B. 改善通风透光条件
C. 促使花芽充实饱满　　D. 削弱枝势与树势，促进花芽形成
E. 防治病虫害　　F. 去除影响光照的大枝

7. 生长期修剪采用的方法主要有________。
A. 短剪　　B. 摘心　　C. 抹芽除梢
D. 刻伤　　E. 环状剥皮　　F. 回缩

8. 要克服果树大小年，修剪时要采取________。
A. 小年时，应尽量保留花芽，多短截营养枝
B. 在每株树上每年留一定数量的营养枝辅养树体
C. 每株树上留一定数量的花芽枝促使其当年开花结果
D. 每株树上留一定数量的预备枝，促使其当年形成花芽
E. 大年树进行花前修剪，要适当疏除老、弱、短果枝和适当短截中、长果枝以减少花量
F. 小年时，缓放中、长营养枝，使之多形成花芽以备来年结果

9. 低产旺树多因修剪不当引起，对这类树，可采取________方式处理。
A. 对于主枝背上旺长，主要应控制直立枝和徒长枝
B. 对于开张角度后的直立旺枝，可采取环剥、环状倒贴皮等措施

C. 背上直立枝组，枝组内修剪应去强留弱

D. 直立旺树要通过重剪刺激生长

E. 连年轻剪长放

F. 截大枝，以刺激萌发新梢

10. 生长衰弱树的修剪，主要采用________。

A. 去强壮枝留弱枝　　B. 去弱枝留强壮枝

C. 去直立枝留平生枝　　D. 去平生枝留直立枝

E. 旺壮枝或徒长枝可短截回缩　　F. 旺壮枝或徒长枝可疏除

五、简答题

1. 果树矮壮树形具有什么结果特点？

2. 确定树形的依据有哪些？

3. 果树整形修剪主要具有什么作用？

4. 果树冬季修剪的主要任务是什么？

5. 举例说明冬季修剪的主要方法及作用。

6. 果树修剪应掌握的基本操作原则有哪些？

7. 什么是枝组？应该如何培养枝组？

8. 果树幼树期和衰老期修剪时各有什么特点？

9. 果树生产中出现“大小年”结果的原因是什么？如何通过修剪克服此现象？

10. 盛果期“大小年”树修剪的具体技术要点有哪些？

六、画图题

1. 请画出自然开心树形的模拟（模式）图。

2. 以此图为例，在图上标明短截、疏剪、缩剪的位置。

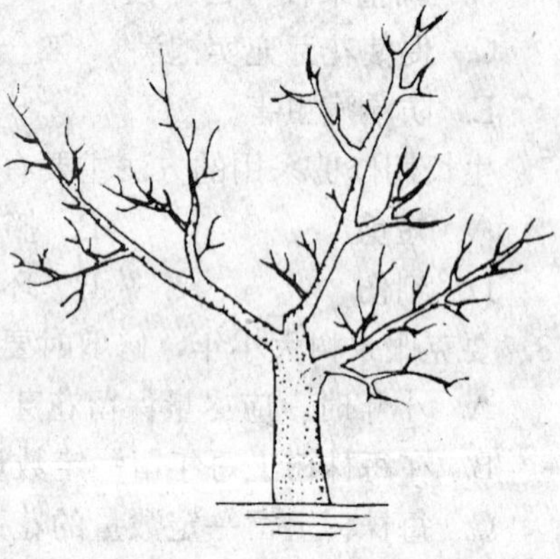

七、技能题

环状剥皮技术

【操作准备】一条直径 2 厘米、长 20 厘米的枝条，一把嫁接刀

【操作要求】至少进行 2 次环剥

【操作时限】10 分钟以内必须完成

【配分及评分标准】

10 分钟以内环剥 2 次，切口整齐，环剥的宽度 0.2～0.3 厘米，树皮干净的为 10 分，每少达到一项标准减 2 分；只完成 1 次环剥的得 5 分，每少达到一项标准减 1 分。

单元测试题答案

一、填空题

1. 四大主枝十字形　多主枝十字形

2. 3　7～11　4～6

3. 中心主干　直立生长的主枝

4. 增强　抑制

5. 上稀下密（上部枝条稀、内膛枝条密）　外稀内密（外围枝条稀、内膛枝条密）　大枝稀小枝密

6. 冬季修剪　花前复剪　夏季修剪　秋季修剪

7. 树势　生长与结果　大小年现象

8. “大小年”或隔年结果　生长和结果失调

二、判断题

1. √　2. ×　3. √　4. ×　5. ×　6. ×　7. ×

三、单项选择题

1. B　2. C　3. C　4. C

四、多项选择题

1. ABCF　2. BDEF　3. ACDE　4. BCD　5. ABDF　6. BDE　7. BCDE　8. ABCDE　9. ABC　10. BDE

五、简答题

略。

六、画图题

1.

2.

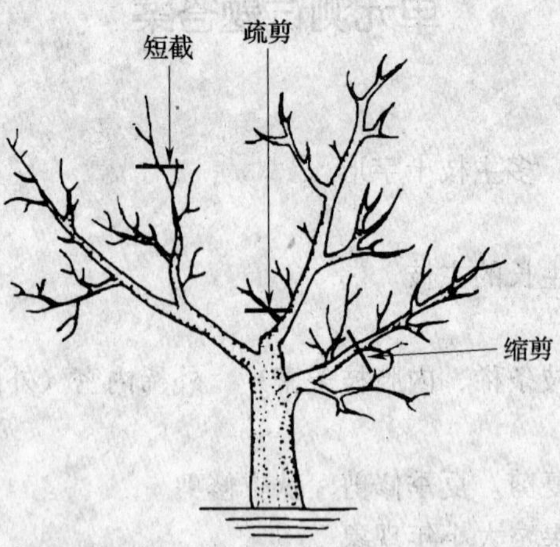

七、技能题

略。

第5单元

果树花果管理

第一节 花芽分化

培训目标

→ 能够掌握花芽分化的过程及常见果树花芽分化的时期
→ 能够熟练掌握影响花芽分化的因素
→ 能够进行花芽分化的调控

花芽、叶芽原本是由同一分裂组织分化而成的。当芽发育到一定时期，生长点内由叶芽状态（生理、组织）转化为花芽状态（生理、组织）的过程，即为花芽分化。它是一个动态的概念。花芽形成即部分或全部花器官的分化完成。花诱导指内外条件对花芽分化的促进作用。花孕育指花芽生理分化完成的现象。

花芽分化是果树年周期中的生命活动之一。花芽的多少和质量高低与果品产量和质量的高低有直接关系。获得适宜的花芽、叶芽比例是夺取较高的坐果率和高额单位面积产量的主要措施之一。没有花不行，但花太多，则果小、质差，形成大小年。因此，调节控制果树花芽分化的数量和质量，一直是果树生产上的重要问题。

一、花芽分化的过程及其标志

花芽分化可分为生理分化、形态分化、性细胞形成 3 个阶段，缺一不可。

1. 生理分化期（即分化临界期）

生理分化期指形态分化之前，生长点内部由叶芽的生理状态（代谢方式）转向形成花芽的生理状态（代谢方式）的过程。

（1）时期。在形态分化前 1～7 周（一般是 4 周左右）出现。依品种而异。

（2）特点。生长点原生质处于不稳定状态，对内外因素有高度敏感性，易于改变其代谢方向。因此，控制花芽分化数量的措施，应着重在这时期进行。

2. 形态分化期

形态分化期即芽内各个花器官的发育过程。栽培上常说的花芽分化即是形态分化。它开始于生理分化之后。

（1）形态分化的程序见表 5—1。

（2）特点。多数果树分化初期的共同特点是：生长点肥大高起略呈半球体状态，从而与叶芽区别开来，从组织形态上改变了发育方向。这对花芽分化初期的鉴别十分重要。

表 5—1　　形态分化的程序

种类	叶芽期（分化前期）	分化初期	花蕾形成期	萼片形成期	花瓣形成期	雄蕊形成期	雌蕊形成期
仁果类	有	有	有	有	有	有	有
核果类	有	有	无	有	有	有	有
柑橘类	有	有	无	有	有	有	有

二、花芽分化时期的共同规律

1. 分化时间的长期性

大多数果树的花芽分化是相对集中而又有些分散，是分期分批陆续分化形成的。如果给予有利条件，成年果树几乎在任何时期都可以进行花芽分化。如爪畦的苹果，4 月采收后 1 个月进行花芽分化，5 月把新梢叶片摘去，接着就开花结果。10 月采果后，再次分化花芽，11 月摘叶，然后再次开花结果。同一树上 1 年开 2 次花并获 2 次产量。这是用强迫落叶的方法防止苹果进入休眠，回避对冷温的要求，使芽立即转入新的生长周期。落叶处理的成败在于准确掌握落叶时间，早落叶对花芽分化不利，迟落叶对新梢萌发又不利。葡萄、枣、四季橘、柠檬、金橘等 1 年多次发枝，多次成花，多次结果。

2. 花芽分化期相对集中、相对稳定性

各种果树花芽分化的开始期及盛期在各地及不同年份虽有差别，但并不悬殊。多数果树在新梢停止生长后和采果后各有一个分化高峰。这为制定相对稳定的果园管理措施提供了理论依据。

形成一个花芽所需时间因树种、品种而异。掌握这个时间，有助于制定控制分化率和调节开花期的措施。

三、影响花芽分化的内部因素

影响花芽分化的内部因素包括花芽分化各种必需的营养物质（包括结构物质、能量物质）、激素、非激素的调节物质及遗传物质。

1. 营养物质

花芽分化必需的营养物质包括：丰富的结构物质，指光合产物、矿物质盐类及由此转化合成的各种碳水化合物、各种氨基酸及蛋白质等；形态建成必需的能源、能量储藏和转化物质，淀粉、糖类、三磷酸腺苷（ATP）等。其中以各种碳水化合物最为重要。

2. 内源激素

现代科学较一致地认为果树花芽分化过程要受激素的调节控制。

（1）各种内源激素对果树花芽分化的影响

1）赤霉素（GA）。抑制果树（苹果、梨、桃、樱桃、李、杏、柑橘、葡萄、黑醋栗、芒果）花芽形成。内源GA来源于新梢先端嫩叶、根、果实内发育着的种子。花芽中GA低，叶芽中GA高。大年结果多，果内种子形成的GA多，抑制花芽形成，第二年为小年。

2）细胞激动素（CTK）。可促进蛋白质和核酸的形成，所以它可以促进花芽形成，又称为开花激素。因花原基的分化要求细胞处于分裂状态，进入休眠的芽不能分化花芽。目前认为，细胞激动素产生于根部，借叶子的蒸腾作用随木质部汁液上行运到枝梢的芽里促进花芽分化。如处于分化初期的花芽细胞激动素含量高或较高。用人工合成的CTK处理葡萄卷须，可使之形成花芽。

3）乙烯（ETH）。可以促进花芽分化。

4）脱落酸（ABA）。与GA拮抗，还使枝条停止生长，使CTK在芽内积累。一般认为促进果树成花，但这一作用一直未能肯定。

5）生长素（IAA）。生长素对成花是抑制或促进目前看法不一，还未弄清。多数人认为是抑制开花。如处于分化初的花芽生长素含量较低。根皮苷降低IAA含量，用根皮苷处理苹果枝条，能促进开花。

（2）“激素平衡”在果树栽培上的意义。上述各种激素均会在果树花芽中存在，花芽分化不同时期，某一特定时间、空间上，各种激素含量不同。激素间相克相成，相抑相促，不同比例激素相互作用的结果，达成一种平衡状态。就是这种平衡状态调节植物的生理过程，包括花芽分化。

3. 遗传基因

遗传基因控制论认为花芽分化要受遗传基因的控制。主要论点是：果树花芽分化依赖于和“脱氧核糖核酸（DNA）—核糖核酸（RNA）—蛋白质”有关的信息传递。即花芽分化要求有核物质，特别是RNA含量要高，而且成花基因要活跃。

不少果树品种尽管生长发育适中，也不开花结果，另一些丰产品种在同样条件下不论生长强弱均能早结丰产。这说明每个树种或品种都是按其自己的遗传特性形成花芽的，因此，控制成花基因的活跃是很关键的，它可决定物质代谢的方向（成花或不成花）。

4. 营养物质、调节物质、遗传物质的关系

营养物质是生长发育的基础，也是构成器官的结构物质（光合产物、氨基酸、矿物质）、能量物质（淀粉、糖、ATP）和遗传物质的来源。调节物质调节代谢方向，影响形态建成，它可影响基因的表达或被阻遏。激素的某种平衡如一把钥匙，它解除成花基因的阻遏，从而使代谢方向可按基因指令向成花的方向进行。

5. 花芽形态建成的程序

威廉姆（Williams，1973）对果树成花的过程作了如下表述：

A 幼年树

↓

B 在根、干、大枝内储藏碳水化合物的积累，幼年期结束

↓

C 减少由生长尖端供应的生长素和赤霉素，成年树减少由种子供应的赤霉素

↓

D 脱落酸或其他抑制物增加，顶端或其他方面营养生长中止

↓

E 在可能分化花芽的分生组织内，储藏物的积累（光合产物、碳水化合物、氨基酸、固醇、细胞分裂素）

↓

F 由于从根或从其他分生区域来的细胞分裂素积累的结果，细胞活跃地分裂

↓

G 增加了 tRNA 的形成，成花基因的活跃和蛋白质合成（生理分化开始）

↓

H 花原始体出现（形态分化开始）。

A～B：营养器官建成和扩大，即营养生长基础；

C～F：营养物质的生产和积累，须停止生长才可能；

G：生理分化（代谢方式转变）；

H：形态分化。

6. 生长点的营养生长期

Abbott（1970）和 Luckwill（1974）提出了生长点的营养生长期这一论点，主要内容是：芽内生长点要从营养生长转为生殖生长形成花芽，需要有一定的营养生长阶段，即是要达到一定的节数，这个节数称为“临界节数”。如苹果金冠 16 节，橘苹 20 节，肥城桃 14 节，柑橘不明显。比久（B9，植物生长延缓剂）促花，使芽的节数增加；赤霉素 GA 抑制花芽分化，使芽内节数减少。各节之间分化间隔期要有一定的时间，一般为 7 天，过长（季节）、过短（芽当年萌发）均不分化花芽。由于对影响临界节数的因素还不清楚，所以临界节数的概念还有争论。

四、果树营养生长与花芽分化的关系

果树营养生长与生殖生长是处在一种既相互对抗又互相依赖、互相制约的关系中。

1. 枝叶生长与花芽分化

良好的根系和枝叶生长是成花的基础。良好是要求生长中庸，不徒长，也不过弱。

花芽分化多在枝条生长减缓或停止后开始。因为此时新梢代谢方式由消耗转为积

累，而且新梢从生长减缓至停止生长后，生长素和GA减少，成熟叶片多，脱落酸多，也有利于细胞激动素的积累。

2. 根系发育与花芽分化

吸收根（合成蛋白质、细胞激动素）的平均长度与花芽分化呈明显正相关。早结高产要求吸收根多、密。反之，主根强，极性生长强，营养积累少，花芽分化晚。

施铵态氮肥及磷肥同时结合灌水，促进吸收根生长，可提高花芽分化的百分率。铵态氮是指液体氨、氨水、硫酸铵、氯化铵、碳酸氢铵。

所以，根系与花芽分化的影响是通过水、无机盐的吸收同化，以及细胞激动素起作用的。

五、影响花芽分化的外部因素

影响花芽分化的外部因素主要有光照、温度、水分、农业措施等。外部条件在花芽分化中的作用是刺激内部因素的变化并启动开花基因。

1. 光照

(1) 光量。光量对花芽分化的影响较为突出。“无光不结果”，光量不仅影响光合作用，也影响内源激素的平衡。生长素在强光，特别在紫外光下可被钝化或分解并抑制其生物合成，从而抑制新梢生长，促进花芽分化。乙烯在紫外光下增加，所以高海拔区的苹果早结果、早丰产。

过度密植的果园下部枝无花、果，是由于荫蔽降低了光合效率及树体营养。反之，栽植密度适当、通风透光，可提高花芽分化率。生产上要解决果园通风透光问题，一是要合理密植；二是要合理整形修剪，培育丰产树形。

(2) 光周期。柑橘花芽分化需短日照。草莓是短日照植物。而大多数果树为非光周期植物，但日照长短可影响其花芽形成的数量。如日照长短不影响苹果花芽形成，但苹果在长日照下花芽分化，其形成花芽数量较多。不同葡萄品种，在不同日照长度下，花芽形成的数量不同。

2. 温度

各种果树花芽分化期要求不同的适宜温度。温度影响果树的光合作用、根系的吸收、水分蒸腾等生理过程，又影响激素平衡。不同树种、品种要求不同的适宜温度，是一种生态适应。据树种对温度的要求不同可以分为：夏秋分化型，如苹果、梨、桃、李、枇杷、杨梅等；冬春分化型，如柑橘、芒果、荔枝、龙眼等；一年多次分化型，如金橘、番木瓜、柠檬、四季橘、无花果、四季草莓等；随时分化型，如香蕉、菠萝。

3. 水分

在分化临界期之前，短期适度控水（田间持水量的60%左右）抑制生长，以后在整个花芽形成期保持土壤持水量的60%～70%，利于成花。这样做的原因有以下几点：

（1）抑制了新梢生长，提高了光合产物的积累，提高了碳和氮吸收量，并促进淀粉转化为糖，提高了细胞液浓度。

（2）促进了蛋白质水解，提高了精氨酸的水平。

（3）改变了激素平衡，叶片中脱落酸含量提高，细胞分裂素积累，抑制了赤霉素及生长素的合成。

（4）抑制了淀粉酶的产生，促进淀粉积累。

如水分过多，细胞液浓度低，加之氮供应过多，延迟新梢生长，不利于成花。但如长期干旱，根系活动受限制，光合作用下降，细胞停止分裂呈休眠状态，也不利于花芽形成。

4．农业措施

农业技术对花芽分化的作用是控制、调节果树的外部条件，平衡果树各器官间的生长发育关系，提高体内营养水平，并使之适时转向生殖生长。

（1）控制分化的途径

1）利用花芽分化长期性的特点，从整体着眼，增强树势，提高光合效率。

2）从局部着手，控制生长过旺，使树体向着有利积累营养的方向转化。

以上即为促—控—促的技术路线。第一个“促”为春夏季促进营养生长，后面的“控—促”在秋冬季，即控制营养生长，促进花芽分化。

反之，片面削弱营养生长，盲目追求花芽分化的措施，或把营养生长与花芽分化对立起来，都是错误的。不处理好整体与局部的关系，过重修剪等都会导致推迟结果。

（2）促进花芽分化的措施

1）选择向阳园地，肥沃土壤。

2）选用壮苗。

3）施足底肥，适时适量合理施肥，叶面喷肥，灌水。生长前期施氮，有利枝叶生长，后期适量控制。在分化临界期多施磷、钾，适量施钙，根外追硼、锌、钼，利于成花。因花芽中磷、钾、锌的含量高于叶芽。浅施、侧施肥培养大量吸收根（水平根）。

4）轻剪多留，保叶，树冠要分层或开张角度。花芽分化在很大程度上取决于果树所含的碳素同化物的多少。因此，遮阴、人工去叶、病虫为害，均影响花芽分化。

5）疏花疏果（减少过度的消耗营养）。

以上措施为良好的营养生长即碳素营养积累创造条件。

（3）控制花芽分化的措施

1）选用矮化砧、矮化中间砧及早结丰产的品种。

2）环割、环剥、断根、控制垂直根、弯枝、摘心。

3）适度控水（花芽形成期保持土壤持水量的60%～70%）。

4）采用生长调节剂。

以上措施达到局部控制生长，减少消耗，调节激素平衡的目的。

总的看来，其技术路线是整体促，局部控；前期促，后期控；促要促得上，控要控得住，恰到好处。

注意控制分化的措施要因时、因地、因树种而异，各地必须探索经验；促、控的程度、时间要适当。

第二节　保花保果和疏花疏果

培训目标

- 能够掌握保花保果的方法
- 能够掌握疏花疏果的基本原则
- 能够掌握疏花疏果的方法

一、落花落果的原因

1. 落花落果的分类

由于树体内在原因，而不是因自然灾害（或病虫害）所造成的落果，统称生理落果。生理落果可分为早期落果和采前落果。

(1) 早期落果。大多数仁果类和核果类果树，早期落果一般有 3 次高峰。

1）第一次落果（即落花）。出现在花期刚结束后，子房尚未膨大时。这次落果的原因有两种，一种是花芽发育不良，使花器（胚珠、花粉、柱头）生活力减弱，没有授粉和受精条件。另一种是花芽虽发育良好，但因气候条件不良或花器特性限制，没获得授粉受精的条件，两者都未达到受精目的，使子房因缺乏激素早衰而脱落。

2）第二次落果。出现在花后 1～2 周，主要是由于授粉受精不充分，子房所产生的激素不够，不能调运充分营养促进子房继续膨大，子房生长停止而脱落。此外与储藏养分不足，幼果发育不良也有关。

3）第三次落果。出现在第二次落果后 2～4 周（大体在 6 月），又称 6 月落果。此次落果往往是由于同化养分供应不足引起，主要原因如下：

①储藏养分少，对果实供给不足。

②养分消耗过多，多数是由于营养生长过旺引起的，但着果过多也会发生。果实的胚没有形成，争夺养分的能力不如新梢。此外当年同化养分形成少，如光照不良、干旱、低温等也有影响（详见第二章）。

（2）采前落果。采前落果是在采收前 3～4 周开始，随着采收期越近落果越剧。这次落果树种品种间差异很大，也因环境条件及营养条件不同而有差别。如苹果在暖地或采收前高温的年份，土壤极端干旱，施氮过多的树或含氮量高的树落果较多。

2. 落果原因

早期落果或采前落果都是由于离层形成的结果。不同树种形成离层部位不同，如苹果在果梗与果枝间；柑橘开花和花后落果，在花梗与枝条结合部，6 月落果后在子房基部和花萼之间。关于脱落机制，过去认为与生长素有关，因生长素在一定情况下，可防组织衰老，故可防止落果。现在认为也与乙烯有关。乙烯的作用有两种，一种在组织年轻时不起作用，一旦组织衰老，原存在的乙烯即发生作用。另一种是由于乙烯增多（使生长素含量下降），果实得到的养分不足，促进脱落。采前落果是随果实成熟，形成大量乙烯，移至果梗促进脱落。

二、提高坐果率的措施

各地果园具体情况不同，引起落花落果的原因也多种多样。因此，必须具体分析，针对主要矛盾制定有效措施，提高果树坐果率，如图 5—1 所示。其主要途径如下。

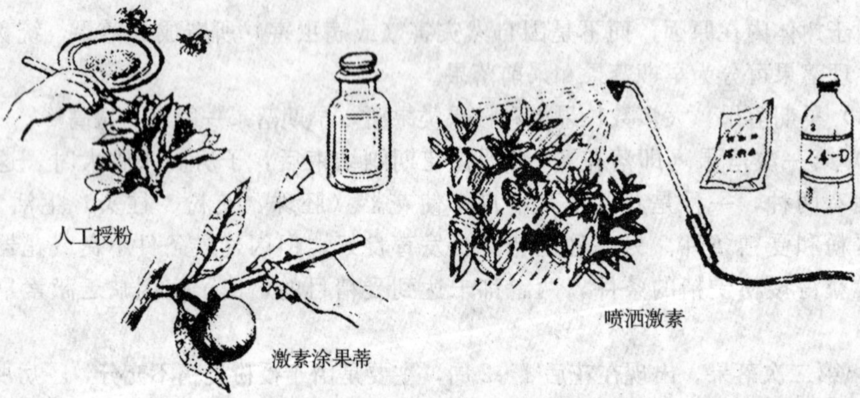

图 5—1　保花保果措施

1. 加强果园管理，保证树体正常生长发育，增加果树储藏养分的积累，改善花器发育状况，这是果树提高坐果率的根本措施。

2. 对异花授粉品种，要合理配置授粉树，在此基础上还可采取以下辅助措施，以加强授粉，提高坐果率。

（1）花期放蜂。果园放蜂可明显提高果树坐果率。一般 5～6 亩地放一箱蜂即可。在果园放蜂期间切忌喷药；阴雨天放蜂效果不好，应配合人工辅助授粉。

(2) 高接花枝。当授粉品种缺乏或不足时，在树冠内高接雄株或授粉品种的带有花芽的多年生枝，以提高果树的授粉率。对高接枝在落花后需做疏果工作，否则常因坐果过多，当年花芽形成不好影响来年授粉。

(3) 挂罐和振动花枝。在授粉品种缺乏时，也可以在开花初期剪取授粉品种的花枝，插在水罐或瓶中挂在需要授粉的树上，以代替授粉品种。此法简单易行，但需年年进行。为了提高授粉效果，可与挂罐同时进行振动花枝授粉。

3. 在授粉品种缺乏或花期天气不良时，应该进行人工授粉，其常用方法有以下几种：

(1) 蕾期授粉。在花前 3 天，可用花蕾授粉器（授粉器先端特别加细）进行花蕾授粉。将喷嘴插入花瓣缝中喷入少量花粉，花蕾授粉对防治花腐病（Monilia）有效。

(2) 花期授粉。可采用如下方法：

1) 人工点授。将花粉用人工点在柱头上，此法费工，但效果好。为了节省花粉用量，可加入填充剂稀释，一般比例为 1（花粉并带花药外壳）∶4 填充剂（滑石粉或淀粉）。

2) 机械喷粉。此法比人工点授所用花粉量多，喷时加入 50～250 倍填充剂，用农用喷粉器喷。填充剂易吸水，使花粉破裂，因此，要在 4 小时内喷完。

3) 液体授粉。把花粉混入 10%的糖液中（如混后立即喷，可减少糖量或不加糖），用喷雾器喷，糖液可防止花粉在溶液中破裂，为增加花粉活力可加 0.1%的硼酸。配制比例为水 10 升∶砂糖 1 千克∶花粉 50 毫升，再加入硼酸 10 克。硼酸在用前才混入。因混后 2～4 小时花粉便发芽，为此配好后要在 2 小时内喷完，喷的时间在主要花朵盛开时为好。

4) 花期喷水。花期的气候条件可直接影响坐果率。如枣的花粉发芽需要一定的条件（温度 24～26℃，空气湿度 70%～80%），在花期高温（36℃以上）干燥时，则花期短，焦花多，影响坐果。此时可在枣花盛开期（6 月上中旬）用喷雾器向枣花上均匀喷清水，可提高坐果率。

4. 应用生长调节剂和微量元素，防止果柄产生离层有一定效果，从而减少落花落果。

当前生产上应用生长调节剂和微量元素，防止果柄产生离层有一定效果。应用生长调节剂，可以改变果树内源激素的水平和不同激素间的平衡关系，以提高坐果率，在生理落果前和采收前是生长素最缺乏的时期，这时在果面和果柄上喷生长调节剂，可防止果柄产生离层，减少落果，各地都有成功的经验，但使用生长调节剂种类、用量、时间等，根据具体条件和对象的不同而不同。所以应用时首先要进行生长调节剂种类和浓度的试验。常用生长调节剂有萘乙酸、赤霉素和比久等，应用浓度因具体情况而不同。常用的微量元素有硼酸、硫酸锰、硫酸锌、钼酸钠、硼酸钠、硫酸亚铁及高锰酸钾等。施用浓度及次数因物候期而不同，休眠期用的浓度高，一般为1%～5%；生长季浓度低些，一般为0.1%～0.5%。

5. 提高坐果率的其他措施

（1）加强病虫防治，特别是直接危害花器和果实的各种病虫害要及时防治。

（2）套袋可以减轻果实受病虫危害，对果柄短、果形大易受风害而落果的种类品种有减少落果的效果，如图5—2所示。据日本介绍，在多雨的熊本县，3—9月用塑料薄膜覆盖树冠防雨，可提高坐果率并促进提早开花，同时还有防治溃疡病的效果，明显提高果实品质和产量。

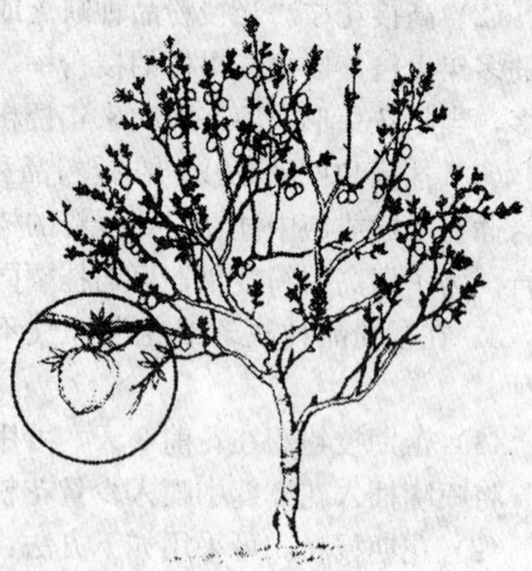

图5—2 果实套袋

三、疏花疏果

1. 作用及意义

在花量过大、坐果过多、树体负担过重时，正确运用疏花疏果技术，控制坐果数量，使树体合理负担，是调节大小年和提高品质的重要措施。生产上早已广泛应用。

（1）可使果树连年稳产。花芽分化和果实增大往往是同时进行的，当营养条件充足或花果负荷量适当时，既可保证果实肥大，也可促进花芽分化。当营养不足或花果过多时，则营养的供应与消耗之间发生矛盾，过多的果实抑制了花芽分化，易削弱树势出现大小年结果现象。因此，进行合理疏花疏果是调节生长与结果的关系，从而达到连年稳产、提高产量的必要措施。不然，即使肥水充足，因受根和叶功能的限制，坐果过多，也会造成大小年。

（2）提高坐果率。疏果虽然疏去了一部分果实，但其作用在于节约养分，减少由于养分竞争而出现的幼果自疏现象，并且减少无效花，增加有效花，从而提高了坐果率，因此，也是保花保果的重要措施。有经验的果农总结为“满树花，半树果；半树花，满树果”，就是这个道理。

（3）提高果实品质。由于减少了果数，促进留下的果实肥大，并增进其整齐度。此外，疏果时也疏掉了病虫果、畸形果，提高好果率。

（4）可使树体健壮。如开花坐果过多，首先消耗了树体储藏营养，并使叶果比减小，则秋季积累也减少，干粗增长少，同时也严重削弱细根的生长，使根和干的储藏营养下降，影响次年生长，并使树体衰弱，容易发生病害、冻害。

从以上各点可以看出：疏花疏果对于调节果树营养，增进树体健康，提高果树的产量和质量都有重要作用。

2. 留果量的确定

在一定留果量的范围内，一般产量与留果量成正相关，如留果过多，则单果重明显下降，产量增长不明显，有时反而下降。留果量应根据历年产量情况和树势以及当年栽培措施来确定。在树体正常情况下，枝条生长缓慢是负载量高的表现之一。在疏花和早期疏果时还必须留有余地以防意外，例如，在有霜冻威胁的地区应在终霜期后确定疏除量。必须看树定产，而后才能切实贯彻按枝定量。

3. 方法

（1）人工疏花疏果。疏花可以比疏果减少养分消耗，促进枝梢生长，是克服大小年的有效方法。如苹果可在蕾期或花期疏去整个花序。以留出花芽形成的位置，保持有花短枝和无花短枝的合理比例，可有利于结果和当年花芽的形成。为了增加次年的产量，早疏果很重要。如果疏果延迟到 6 月落果或其以后，则对花芽孕育的影响很少或者没有。早疏果的作用有以下几项：

1）减少产生赤霉素种子的数目。

2）减少对光合产物和养分的竞争。

3）改善留在树上的果实的生长和最后的大小情况。

4）去除形状不正的和小的果实。

因此，疏果不仅影响当年果实的品质，更重要的是决定次年结果的多少。若疏果过晚，不但影响幼果发育和花芽孕育，起不到应有的作用，还会降低产量。一般主要在第二次落果以后，6 月落果以前进行。为了调整果实负载量，可在 6 月落果以后再进行一次。疏果时，先疏弱枝上的果、病虫果、畸形果，然后按照负载量，疏去过密过多的果。

（2）化学疏花疏果。用化学药剂疏花疏果，这项技术在某些国家已作为果树生产上的一项常规措施，它能大大提高劳动效率。我国还没有在生产上广泛应用，只在苹果、梨、桃等树种中开展了一些试验，并取得一定成果，如图 5—3 所示。

1）目前的药剂种类和疏除的机制

①西维因。原是一种高效低毒杀虫剂，1958 年被认为是一种非常有效的疏果剂，比萘乙酸、萘乙酰胺疏果稳定，因二硝邻甲酚、萘乙酸、萘乙酰胺是由叶片吸收的，而西维因则喷后先进入维管束，堵塞物质的运输，使幼果缺少发育所需的物质而脱落。它进入树体后移动性较差，要直接喷到果实和果柄部位。西维因在苹果上应用较多，其他仁果类和核果类应用不多。

②石硫合剂。石硫合剂的机制在于阻碍受精，喷于柱头上，有直接抑制花粉发芽和抑制花粉管伸长的作用，从而阻碍受精。因其疏除的果实脱落较迟，人工补充疏果要在盛花后 25 天才能进行。石硫合剂喷射时要求药液落于柱头上才有效。优点是药效较稳

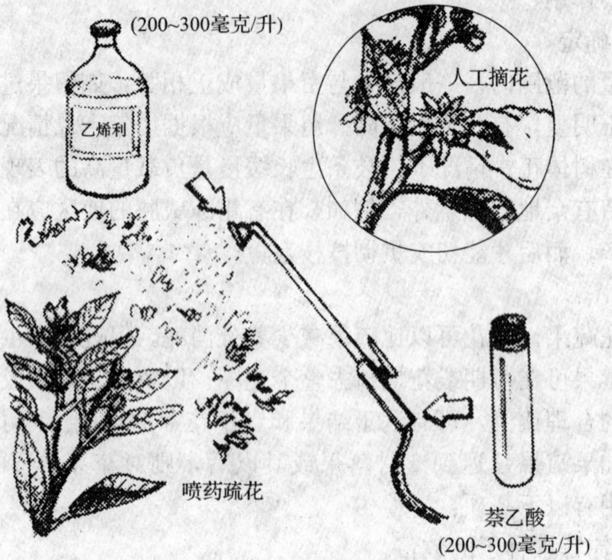

图 5—3　化学疏花疏果

单元 5

定，安全性较高，且可结合防治病虫。缺点是喷布时期要求严格，必须确切掌握开花状况，才能准确喷药，且施用期太短。现在主要在苹果和桃疏花上应用。使用期：苹果，以中心花已开过，边花正开时为宜，浓度为 0.2～0.4 度。桃应于盛花期连喷两次。

③萘乙酸及萘乙酰胺。萘乙酸及萘乙酰胺的疏除机制可能与促进乙烯形成有关。施用时期较之二硝基化合物有较大的灵活性。萘乙酸在一定浓度范围内，从花瓣脱落期到落花后 2～3 周施用都有相同效果，但越迟，疏除作用越弱，浓度也要相应增加。如对鸭梨在盛花期用 4×10^{-6}有疏除效果。萘乙酰胺是一种比萘乙酸缓和的疏除剂，对萘乙酸易疏除过多的品种应用萘乙酰胺较安全。此外，对叶片易受药害的品种如黄魁等宜用。元帅上使用易产生畸形果。

④二硝基化合物（DN 化合物）。二硝基化合物的种类很多，常用的有二硝基邻甲酚、地乐酚即 2 -（1 -仲丁基）-4，6 -二硝酚，此外还有二硝酚、地乐酯等。二硝基邻甲酚是较早使用的化学疏花药剂。二硝基化合物减少坐果的作用是由于烧灼花粉、柱头等花的器官，阻止花粉发芽和花粉管的生长，从而导致落花。由于同一株树上的花开放有先后，授粉也有先后，那些已经授粉和受精的花，二硝基化合物就不能起疏除作用。二硝基化合物的缺点是必须在盛花期准确掌握喷射的时期，但这时往往还不能确切估计是否需要疏除和疏除多少，而且有时对叶有药害，尤其是如果喷药后多云、空气湿度高或下雨，药害更重，从而造成疏除过量。使用二硝基化合物的浓度，因品种、树势而不同，一般为（800～2 000）$\times10^{-6}$，如金冠、旭、元帅使用浓度比红玉、赤龙低，弱树比强树浓度要低。由于效果不稳定，在生产上应用不多。

2）影响疏除效果的一些因子。疏除量受各种因子的影响，因此，在广泛应用时要谨慎考虑下列因素，避免疏除过度。

①时期。从节约树体养分来说，疏除越早，效果越好，尤其对促进花芽分化，防止隔年结果更为有利。但在实践上，化学疏除最适合的时期还取决于其他许多因子，包括品种、花后是否有可能发生晚霜、花后的气温、疏除剂的种类等。要使一种疏除剂产生预期的效果，必须在植株或果实发育过程中的一个特定阶段进行处理。

②药量。药量大，疏除效果大，用药量不单取决于使用浓度，而且受绝对剂量（浓度×药液量）的影响。最适的浓度与天气、树势、品种及其他条件有关。因此，不能定一个不变的浓度，一般浓度越高，疏除效果越大。

③品种。一般来说，自花结实能力较强的品种不宜用化学疏除。异花授粉的品种都宜于用化学疏除。对于这类品种，如果处理不当，往往会疏除过多而造成减产。对坐果不稳定的品种和在坐果不稳定地区，疏果比花前疏花更安全。在决定是否必须进行化学疏除和选择最合适的疏除剂种类和浓度之前，必须非常仔细地估计坐果的情况。

④气候。喷药前后的天气常会使药剂的效果发生显著变化。环境条件能影响植株吸收药剂的速度和药剂的作用，从而影响疏除的程度和药害的轻重。

在空气湿度较高的地方不宜用二硝基化合物，这类药剂在气候干燥的地区，效果较好。气候条件对西维因的疏除效果没有多大影响，这可能与西维因吸入树体内的方式和起作用的部位同其他疏除剂不同有关。

⑤树势。生长势正常的树，喷药后不易发生疏除过多的弊病。任何对正常生长和坐果产生不良影响的因子，都可以使植株对疏除剂的作用更为敏感。

幼年树比成年树易于疏除。这可能是由于幼年树的营养生长较快，因而在花后初期，正在发育的幼果能得到的碳水化合物供应减少。

⑥展着剂。加用展着剂可增加药效，因而可降低使用浓度，降低成本。如在萘乙酸内加入吐温 20（0.125%），则仅用 2×10^{-6} 就能对金冠起到显著的疏除作用。

疏花疏果药物虽已用于生产，但由于品种、树势、气候条件的不同，效果变动很大。因此，生产上大面积应用时，应就地进行试验，寻找适宜的浓度及施用时间。如施用不当，有减产的可能。化学疏除能节约大量人力，但只是人工疏除的辅助手段，不能用来完全代替人工。因此，化学疏除的适当疏除量应是必要疏除量的 1/3～3/4，其余用人工补充疏除。有的品种坐果率高，有时单用一种药剂疏除效果不好，近年进行了将几种药相结合的尝试。如美国纽约州把西维因和（5～10）$\times10^{-6}$ 萘乙酸混合喷金冠、旭和花嫁取得良好的效果。现有的药剂还都不令人满意，以后应寻找新的成本低且副作用少的药剂。如日本正在试用人工降雨疏花，取得了一定效果，但锈果发生多，尚待研究解决。

单元 5

单元测试题

一、填空题（请将正确的答案填在横线空白处）

1. 当芽发育到一定时期，生长点内由________转化为________的过程，即为花芽分化。

2. 花芽分化可分为________、________、________3个阶段。

3. 控制分化的途径是采用促—控—促的技术路线，第一个“促”为________，后面的“控—促”是控制________，促进________。

4. 由于树体内在原因，而不是因自然灾害（或病虫害）所造成的落果，统称________，它可分为________和________。

5. 生产上使用的疏花疏果方法主要有________和________。

6. 目前化学疏花疏果药剂种类有________、________、________和________。

二、判断题（下列判断正确的请打“√”，错误的打“×”）

1. 果树花芽生理分化完成就说明花芽形成了。（　）

2. 果树花芽分化形成的顺序是先形成性细胞，然后进行生理分化最后完成形态分化。（　）

3. 化学疏除能节约大量人力，但只是人工疏除的辅助手段，生产上大面积应用时，化学疏除的适当疏除量应是必要疏除量的1/3～3/4，其余用人工补充疏除。（　）

三、单项选择题（下列每题的选项中，只有1个是正确的，请将其代号填在横线空白处）

1. 控制花芽分化数量是生产中的重要措施，应着重在________进行。

A. 生理分化期　　B. 形态分化　　C. 开花时期　　D. 叶芽形成期

2. 果树花芽形态分化程序的一般顺序是________。

A. 花蕾形成期　花瓣形成期　萼片形成期　雄蕊形成期　雌蕊形成期

B. 花蕾形成期　花瓣形成期　萼片形成期　雌蕊形成期　雄蕊形成期

C. 花蕾形成期　萼片形成期　花瓣形成期　雄蕊形成期　雌蕊形成期

D. 花蕾形成期　萼片形成期　花瓣形成期　雌蕊形成期　雄蕊形成期

3. 果树落花落果的直接原因是________。

A. 生长素合成能力下降　B. 乙烯合成增加　C. 离层的形成　D. 营养不足

四、多项选择题（下列每题的选项中，至少有2项是正确的，请将其代号填在横线空白处）

1. 果树花芽分化具有的特点有________。

A. 成年果树几乎在任何时期都可以进行花芽分化

B. 多数果树在新梢停止生长后和采果后各有一个花芽分化高峰
C. 形成一个花芽所需时间因树种、品种而异
D. 花芽生理分化期生长点原生质处于不稳定状态，对内外因素敏感，易于改变其代谢方向
E. 各种果树花芽分化期都比较一致，一般是在夏秋分化
F. 果树花芽分化的形态分化是于生理分化之前

2. 影响果树花芽分化的内部因素包括________。
A. 遗传物质　B. 温度　C. 激素
D. 能量物质　E. 光照　F. 营养物质

3. 各种内源激素对果树花芽分化的影响：________。
A. 赤霉素（GA）可以促进花芽形成
B. 细胞激动素（CTK）可以促进花芽形成
C. 乙烯（ETH）可以促进花芽分化
D. 赤霉素（GA）抑制果树花芽形成
E. 细胞激动素（CTK）抑制果树花芽形成
F. 乙烯（ETH）抑制果树花芽形成

4. 促进花芽分化的农业措施有________。
A. 多施磷、钾，适量施钙　B. 使用矮化砧木
C. 生长前期施氮，后期适量控制　D. 人工去叶
E. 轻修剪多留叶　F. 适时环割、环剥、断根

5. 果园提高果树坐果率的措施有________。
A. 增加果树储藏养分的积累
B. 改善花器发育状况
C. 套袋
D. 合理配置授粉树
E. 加强病虫防治
F. 使用萘乙酸、赤霉素和比久等生长调节剂

6. 生产上使用的化学药剂疏花疏果时应该注意________。
A. 一般浓度越高，疏除效果越大
B. 从节约树体养分来说，疏除越早，效果越好
C. 环境条件能影响疏除的程度和药害的轻重
D. 幼年树比成年树易于疏除
E. 气候条件对西维因的疏除效果没有多大影响
F. 化学疏除能节约大量人力，能用来完全代替人工

五、简答题

1. 花芽分化的意义有哪些？
2. 果树营养生长与花芽分化是什么关系？
3. 影响花芽分化的外部因素有哪些？
4. 简述果树生理落花落果发生的时期和原因。
5. 早疏果有哪些作用？
6. 疏花疏果的意义及作用有哪些？

单元测试题答案

一、填空题

1. 叶芽状态（生理、组织）　花芽状态（生理、组织）
2. 生理分化　形态分化　性细胞形成
3. 春夏季促进营养生长　营养生长　花芽分化
4. 生理落果　早期落果　采前落果
5. 人工疏花疏果　化学疏花疏果
6. 西维因　石硫合剂　萘乙酸及萘乙酰胺　二硝基化合物

二、判断题

1. ×　2. ×　3. √

三、单项选择题

1. A　2. C　3. C

四、多项选择题

1. ABCD　2. ACDF　3. BCD　4. ACE　5. ABCDEF　6. ABCDE

五、简答题

略。

第6单元

果品储藏

第一节　影响果实储藏的因素

培训目标

→ 掌握温度、湿度、气体成分对果品储藏的影响

一、储藏温度与果实储藏

1. 储藏温度对果实生理反应的影响

（1）高温对果实生理反应的影响。水果的呼吸包含了很多酶促反应，这些反应的速度在生理反应范围内随着温度的升高而增加，每升高 10℃，化学反应速率约增加一倍，温度超过 30℃，某些酶的活性降低，大多数酶在 35℃仍有活性，但到 40℃时则无活性。有呼吸高峰的果实，如果连续处于 30℃以上温度中，将使果肉成熟，但果皮不能正常着色。如海南岛的甜橙或香蕉虽能成熟，但其果皮仍保持青绿色。如将果品放置在温度为 35℃以上的环境中，将会使生理代谢不正常，破坏细胞膜的完整性和使结构分解，可导致果品迅速败坏，失去色素，组织变成水渍性烧伤。

（2）低温对果实生理反应的影响。果品正常代谢的低限是细胞组织的受冻点，一般在 0～20℃。一旦组织受冻，在细胞的不同组成中，代谢物的互换受到严重阻碍，因此，一般果品储存温度应稍高于冷冻点，这样可以降低呼吸强度和呼吸代谢，从而延长储藏寿命。

降低温度将减弱果品的呼吸作用，并使维生素 C 受到损失。然而，降低温度的效应对所有生理因素并不一致。在临界温度的下限稍微降低温度只能对储藏寿命有少量改进。在最低温度上限范围内降低温度，则可以有效地改进储藏寿命。此外，低温可抑制微生物的生长繁衍。在温度较低时，多种真菌孢子不能发芽生长，从而可以减少在储藏期的多种病害。对冷害敏感的果品，即使短时间处于 10℃以下的环境也会受害。

对于无呼吸高峰的果实，降低温度只能降低果品败坏率；对于有呼吸高峰的果实，降低温度还能延迟果品后熟作用，因为降低温度不但可以减少乙烯的产生，而且可以降低细胞组织对乙烯的反应影响。

2. 储藏温度与储藏寿命

对所有果实储藏的理想温度尚难确定，因为各种果实品种对降温的反应各异。需要做长期储藏时，对霉菌的生长和低温冷害必须加以考虑。对不易发生冷害的果品品种，如苹果、梨等，将其储藏于接近冰点温度时，可以得到最大的储藏寿命。但对于易受冷

单元 6

害的品种，如柠檬、柑橘、香蕉等，低温必须控制在造成冷害的临界温度之上。果品的储藏寿命差异很大，一般而言，呼吸强度和储藏寿命成反相关的关系，呼吸强度较低的果品，一般储存时间较长。

此外，气候和土壤因素均可影响果品的储藏寿命。一般而言，呼吸强度高和过熟采收的果品，以及容易受冷害的品种（如香蕉、芒果），储藏寿命最短。另一影响储藏寿命的重要因素是果品对真菌腐烂的感病性。

二、相对湿度与果实储藏

果实中的水分大多是自由水，少部分是化学结合的束缚水。当新鲜果品的组织放在容器中时，果实中的自由水就会与空气中的水分相互平衡。当果实暴露在低湿的空气中时，果实内的水分就会汽化散失。此外，当高温的果品移至低温储藏环境时，由于果实温度下降，相对湿度增加（大于低温环境），水蒸气也会外逸，有时就凝结在果实表面。所以，低温储藏时，需要较高的湿度。

气压差（VPD）是果品的相对湿度和空气中实际相对湿度的差异，是新鲜果品致冷的重要结果。因此，果品入库时应预冷，迅速降低果品入库温度，这样可以减少果品和致冷气流之间的气压差，以防止果品失水。

三、气体成分与果实储藏

储藏空气中的气体成分可影响果品的储藏寿命。降低氧和增加二氧化碳可以延长果品的储藏寿命，在某种程度上，可用来代替制冷。由果品释放出来的多种挥发性气体可在储藏库中积累，其中乙烯是最重要的挥发性气体，当积累到关键浓度时，就会降低储藏寿命，所以排除乙烯也是很重要的。气调储藏是指降低氧增加二氧化碳浓度，并严格控制这些气体；限气储藏是指储藏气体成分并不严格控制，如应用塑料薄膜包装或硅窗薄膜储藏，让果实自身呼吸来调节气体成分，这也是气调的一种形式。

1. 影响果品气调储藏或限气储藏适用性的因素

在储藏空气中限制氧的供应或提高二氧化碳浓度均可延缓呼吸作用的发生。至今，气调储藏在商业上的应用仅限于苹果和梨的某些品种；限气储藏已成功地应用于某些水果的运输，如香蕉、油梨和芒果等。影响果品气调储藏或限气储藏适用性的因素有以下几方面。

（1）一种果品如果在空气中储藏能够安全无恙，就不需要应用气调储藏等技术措施。

（2）气调或限气储藏应当具有有利的反应和明显的经济效益。

（3）果品气调储藏应当能较好地延长果品储藏时期，而不损害其食用品质。

2. 气体浓度对储藏果品的影响

增加二氧化碳浓度或降低氧的浓度，对呼吸作用或其他代谢反应大都发挥单独作用。一般来说，氧的浓度必须降到10%以下，才能得到抑制呼吸强度的作用。如苹果储藏在5℃的环境中，氧的浓度必须降到约2.5%，才能起到降低果品50%呼吸强度的作用。但还须注意保持足够的氧气，以防止果品缺氧呼吸以及伴随发生的异味。

降低氧的浓度以抑制果品的呼吸作用尚需按照储藏的温度而定。如温度降低，呼吸强度下降，则需要氧的浓度也要降低。温度高呼吸强度也高，就易发生缺氧呼吸。不同果品对低氧的耐受点不同，氧的关键浓度还要依果品耐受低氧浓度的时间而定，对于较低浓度的氧，果品耐受时间也较短。此外还受二氧化碳浓度的影响，当二氧化碳缺少或浓度较低时，对于需要较低水平氧的果品通常也能耐受较长的时间。

在储藏空气中增加少量的二氧化碳，可显著影响果品的呼吸作用。但如二氧化碳含量过高，则会引起和缺氧呼吸相同的反应，而且反应变化的幅度比降低氧的浓度时更大。在理想试验条件下，在含有5%二氧化碳、3%氧和92%氮的无乙烯混合气体中储藏，可使青香蕉的储藏寿命增加12倍；夏橙的回青果实如果放在15%二氧化碳的空气中，几天后就可以褪绿转为橙色。

气调储藏尤其在二氧化碳含量较高的情况下，可抑制果胶物质的分解，因此，可以较长时间地保持果品的坚硬结构，改进果品的风味。但不同的果品对气调储藏的反应也不一致，因此，不同品种的果品不能储藏在同一气体成分的储藏室中。由于不同果品的品种之间对氧和二氧化碳浓度的反应各异，因此，理想的气调储藏的气体成分必须按每个品种通过试验来确定。一般情况下，空气中含有10%或更高浓度的二氧化碳时，只要该果品不受伤害，就可以抑制数种腐烂病菌的活性，如草莓可耐受高二氧化碳，在限气条件下运输草莓可显著降低腐烂率并保持果品新鲜品质。但很多果品不能耐受如此高的二氧化碳浓度。实际上，气调储藏可通过延迟果品的后熟和衰老，来保持对病原菌的抗性，以降低果品的腐烂损耗。另外，适当的采收成熟度对气调储藏的效果也非常重要。

3. 乙烯

（1）乙烯对储藏果品寿命的影响。有呼吸高峰的果品从自然成熟开始，乙烯发生量就随之增加。在储藏室中，如果有一种后熟的果品放出大量的乙烯，可以引起其他果品后熟作用的发生。煤气、酒精、汽油挥发出的气体和内燃机排出的气体，也会使储藏果品产生足够的乙烯，而引起果品的后熟，如果积累到较高的乙烯浓度时，则可以缩短许多果品的储藏寿命。

（2）降低乙烯含量的措施。一般情况下，可以通过降低温度、升高二氧化碳浓度或降低氧浓度的方法来降低储藏空气中乙烯的浓度。在一般的储藏室内，可以利用通风设备将乙烯浓度降低到0.01微升/升以下。应特别注意在通风换气时，应先将外面空气致冷后再送入储藏室内。另外，还可以利用高锰酸钾来降低乙烯的浓度。为了保证乙烯浓度的充分降低，需要将高锰酸钾最大面积地暴露于储藏空气中。可以用水泥和膨胀云母片的混合物来覆盖饱和的高锰酸钾溶液，应用这种形式的高锰酸钾与在聚乙烯袋中的限气储藏相结合，能延迟香蕉和油梨的后熟作用。

(3) 限制乙烯技术的利用。为获得正常的后熟果实，食用前必须将果品从袋中取出，放置在空气中一段时间。如在限气袋中保持过长时间，果实取出后可能后熟效果不好。密封聚乙烯袋加高锰酸钾的方法，同样也可延迟整串香蕉采收后的后熟作用，这种技术也已成功地应用于延迟整串香蕉在母株生长时的后熟作用。限气储藏和乙烯吸收技术也可用于其他水果上，特别是能耐受二氧化碳和氧浓度较大变化的果品，如苹果、梨、芒果和枇杷等。当乙烯浓度超过 0.1 微升/升时，则会促进无呼吸高峰果实的衰老。因此，在储藏库中除去乙烯，可以保持柑橘果实的甜度和食用品质。

第二节　果实的储藏方法

培训目标

- 能够了解我国果树生产发展现状和发展趋势
- 能够了解新疆生产建设兵团果树生产现状

一、简易储藏

1. 地窖

这是我国农村几千年来创造的储藏水果的方法。四川南充玛瑙山有几万个甜橙地窖，此外，在四川的开县、重庆、江津、湖北秭归以及湖南省均有南充式的甜橙地窖。

(1) 地窖的结构与特点。地窖修建在地平面之下，为三角瓶形，地窖密闭性较好，窖内温度较低，相对湿度较大，储藏的甜橙新鲜饱满，腐烂率低。建窖技术简易，费用较低。但这种地窖的容量小，操作管理不甚方便。

(2) 地窖储藏的管理要点。储藏初期，果实呼吸旺盛，果面发汗，窖内温、湿度增高，果实容易腐烂。在外界气温较低时揭开窖口石板，以便通风，降低窖内的温、湿度。冬季 1—2 月，气候严寒，可将窖口封闭，以免果实受冻。春暖后气温上升，白天封窖防止升高的气温影响窖内，夜晚开窖引入冷凉空气降温。在储藏初期要勤检查，初下窖时 10 天 1 次，次年立春后 5 天 1 次，清明后 3 天 1 次，检查时将腐烂果剔去，防止蔓延传染。

2. 窑洞

利用窑洞储藏水果是我国西北部地区古老的储藏方式之一。

(1) 窑洞的结构与特点。土窑洞具有结构简单，建筑费用低的特点。另外，由于窑洞深入地下，受外界温度影响较小，窑洞内温度较低且平稳，相对湿度较高，有利于保鲜，并且损耗较低。

(2) 窑洞储藏的管理要点

1) 入窑初期当外界温度低于窑内温度时，打开窑门和通气孔，引入冷空气，排出热空气，直到窑温降到 0℃为止。

2) 冬季管理主要是适当通风、防冻及防止窑温回升。天气严寒时，要严封门窗和通气孔，使窑温保持在 0℃左右，以防冷害。

3) 春夏管理注意防止外界升高的气温影响窑内，可在白天温度高时关闭通气设施，夜晚温度低时开放通气孔换气。

二、树上留果保鲜

1. 特点

树上留果保鲜是让成熟果实继续挂在树上，如柑橘多采用此法，一般至第二年 3 月上中旬来收。在挂果期，为了更好地维持树体自身和负担果实的生命活动，需要加强管理，以获得良好的保鲜效果。

树上留果保鲜在生产中具有一定的意义。柑橘留树保鲜除了可以解决采期集中、运输紧张、建窑（库）投资大的矛盾之外，还有延长市场供应时间、技术简单和保证果品质量等优点。

2. 树上留果保鲜管理要点

树上留果保鲜的技术要点是在 10 月下旬至 11 月上旬，在果实由深绿色变为淡绿色期间，对树体喷 2，4-二氯苯氧乙酸（2，4-D）或赤霉素 GA_3 1 次。如挂果时间长或为防止第一次喷药不周到，可在 12 月或 1 月上旬再喷 1 次。2，4-D 的使用浓度为：红橘 $(10\sim20)\times10^{-6}$，锦橙 $(20\sim30)\times10^{-6}$。赤霉素 GA_3 的使用浓度（质量分数）一般以 $(40\sim50)\times10^{-6}$ 为宜。给树体喷射 2，4-D 或赤霉素 GA_3 可使果实和果柄之间不产生离层脱落，从而使果实在树上安全越冬，达到留树保鲜的目的。施用时，除喷药要均匀、果蒂必须着药外，还要注意不能用于 6 年生以下的小树，并切实掌握好使用浓度。浓度过高会使果皮变厚，油胞变粗，严重时会使叶子卷缩，果实受害。如喷药后 12 小时内下雨，应重喷 1 次，喷药后半个月内不宜采收果实。同时，应及时增施肥料，补充树体营养，合理灌水，防止生理失调，挂果期应注意适当灌水 1～2 次，以保持土壤一定的含水量。如一旦果树缺水，则会引起生理失调，促使落果、果实萎缩、枯水、发泡，尤以红橘表现较明显。灌水以后，要及时松土和防治病虫害。如能正确采取这些措施，不仅可以提高树上留果保鲜的效果，挂果至次年 3 月，红橘鲜果率为 95%以上，甜橙为 90%以上，而且对次年产量无明显影响。树上留果保鲜对果品质量的影响因种类而异。

三、通风储藏库

1. 通风储藏库的结构与特点

通风储藏库多选用良好的隔热建筑，利用库内外温度的差异和昼夜温度的变化，以通风换气的方式，保持库内比较稳定的适宜低温。

通风储藏库在我国北方有很大的实用价值，在南方利用适宜的地势山坡建筑通风储藏库，也可达到一定的效果。但在气温过高或过低的地区和季节，如不增加其他辅助设施，仍然难以维持理想的温度条件，而且温度也不易控制。

通风储藏库一般采用半地下式和地下式，这样既可减少外界温度的影响，又能节约建筑费用。在一般情况下，通风储藏库每 100 立方米的容积，其通风面积应不少于 0.6 平方米。储藏柑橘库应比储藏苹果库的通风面积要大些，因为柑橘比苹果呼吸强度大，产生的呼吸热多，储藏香蕉库的通风面积则要更大一些。

2. 通风储藏库的管理要点

（1）准备工作。果实出库后应立即将库打扫干净。在果实入库前 3～4 周，进行库内消毒。可用硫磺熏蒸，用量为 1 立方米空间燃烧硫磺 10～15 克，熏蒸时间 24 小时以上；或用福尔马林溶液喷洒，用量为 1 升 40%福尔马林溶液加水 40 升，每立方米体积喷 3 毫升左右。消毒时，应紧闭门窗及通风口，并密闭 2～3 天，再打开通风 2～3 天，果实才能入库。

（2）入库管理

1）入库初期（1～2 周内）。因果实含水分多，呼吸作用旺盛，库内温湿度高是主要矛盾。需日夜打开库内的通风设备，降低库内温湿度。如果外界温度高，白天也可适当关闭门窗，夜晚开放。

2）储藏中期（自 12 月至次年春节前后）。这一时期气温逐渐下降，当气温达到 0℃以下时，要注意关闭门窗，防止果实受冻。如温度在 0℃以上则要适当通风换气。

3）储藏后期（3 月以后）。气温逐渐上升，果实腐烂增加，这时应以降温为主，白天关闭通风设备，防止热空气侵入库内；夜晚再打开通风设备，导入夜间冷凉空气，以便降温。在南方地区，还可利用冰和电扇来加强降温效果。库内湿度可用地面洒水或通风方法调节。另外，要定期检查储藏的果品，剔除腐烂果。

四、机械冷藏库

1. 机械冷藏库的结构与特点

机械冷藏库是在有良好隔热和防潮设施的钢筋水泥结构的库房中装置冷冻机械设

备，可以人为控制库内的温度、湿度和通风换气。这样就能周年储藏果实，尤其是在温暖的南方地区更有其现实意义。制冷机是让汽化温度很低的液态制冷剂蒸发（汽化），而吸收周围环境中的热量，从而使库温迅速下降。再通过压缩机的作用给汽化的制冷剂加压，经降温液化，使之不断循环，以保持库内必要的低温。常用的制冷剂有氨，其优点是吸热效能高，在0℃时其蒸发吸热为125千焦/千克。另一种制冷剂是氟利昂，即二氯二氟甲烷。

2. 机械冷藏库的管理要点

(1) 温度控制。果实进入冷库前须经预冷，以免过多影响库温。库中温度可通过调节阀控制制冷剂的蒸发量及控制开动冷冻机的时间，以达到需要值。如没有自动调温装置，则应经常保持一定的温度。

(2) 湿度控制。在库内需要增加湿度时，可用喷雾或地面洒水等方法。在现代化冷库中一般装有湿度自动调节器。

(3) 通风冷库中常有二氧化碳、乙烯等气体积累，它们可以刺激果实成熟，因此，冷库也要适当通风。一般冷库装有通风管，可利用电扇进行通风换气。

五、气调冷库储藏（CA储藏）

这是将果实储藏在一个密封的容器或仓库内，自然或人工适当降低氧气的浓度和提高二氧化碳的浓度，或充氮降氧，从而造成一个适当抑制果实呼吸作用的气体环境。这种储藏新鲜果实的方法称为气调冷库储藏（CA储藏），是一种现代化的储藏方法，主要类型有以下几种。

1. 塑料薄膜袋封法

一般用0.06～0.08毫米厚的聚乙烯薄膜袋储藏果实，封闭袋口，任其自然降压，以达到气调的目的。但入储期温度高，果实呼吸作用强，可能会由于氧气过低、二氧化碳过高而造成伤害，因而此法仅适用于短期储藏或远途运输。

2. 硅窗塑膜袋封法

硅橡胶薄膜对二氧化碳和氧气的渗透系数远比常用的塑料薄膜大得多，而且透过二氧化碳比透过氧气的速率快6倍。在较厚的（0.18～0.23毫米）聚乙烯薄膜袋上嵌上一定面积的硅橡胶气窗，袋中过多的二氧化碳可通过气窗透出来。袋中氧气过少时，大气中的氧气通过气窗进入袋内而获得补充。储藏一定时间之后，袋中二氧化碳和氧的含量就会自然调节到一定范围。气窗面积的大小要根据果实种类、品种、温度条件等经试验确定。

3. 塑膜大帐气调储藏法

近年来，我国各地采用塑膜大帐子密封果箱的办法在冷库或通风库内进行人工气调储藏，效果很好。用厚度为0.18～0.23毫米的聚乙烯塑料薄膜制成长方形帐子，每帐容量在500～5 000千克，帐子的侧面有充气口、抽气口和取样口。使用时在帐底铺垫整块塑膜作为底层，上面放垫果箱用的枕木，再堆码果箱，罩上帐子。帐底边与底层塑膜相连，并折叠用土压紧，使帐密封。帐内用消石灰吸收过多的二氧化碳，每50千克苹果用0.25～0.5千克消石灰。然后进行快速降氧，即先用抽气机进行抽气，使帐子紧贴果箱，再从充气口充入氮气，使帐子形状复原，如此反复抽气充氮3～4次，就可使帐内气体中氧气含量降到3%左右，也可充入适量氮气，使储藏开始时帐内气体就达到适当的比例。

4. 现代化气调储藏库

机械化程度较高的气调储藏库，主要设施有坚固而密封性能良好的冷藏库、制氮机、气体洗涤器和一些测温度、氧和二氧化碳含量的仪器。当果实放入库内后，密封库门，开动制氮机使氧气快速减少，二氧化碳逐渐增加。并根据不同果实的需要，调整库内氧和二氧化碳的含量。库内产生的过量二氧化碳和乙烯等气体，需要用气体洗涤器吸收。洗涤器中装有氢氧化钾、活性炭或单乙醇胺等吸收洗涤剂。

六、减压储藏法

减压储藏是在冷藏和气调储藏的基础上，在果品储藏技术上的又一个创新，是气调冷库储藏的进一步发展，其储藏效果比以上两种方法更好。

1. 特点

减压储藏是将果实储藏在一个密闭冷却的储藏室（或容器）内，用真空泵不断抽气，以便达到所要求的低压，并不断地放进新鲜的接近饱和的潮湿空气。因此，储藏的果品可以不断地获得新鲜、潮湿、减压的空气。此法要求每小时更换空气1～4次，以便及时排除果实释放的乙烯和其他挥发性气体。

2. 管理要点

减压储藏是将储藏条件（压力、湿度、通风、温度）置于精确严密的控制之下，为储藏易腐果品提供最佳环境。除空气外，不需要提供其他如二氧化碳、氮气等气体，同时能迅速排除呼吸热，保持适当、稳定的低温。减压储藏法使用方便，可随时打开低压室，不会产生不良的后果。因为减压储藏的果品在解除减压之后，后熟过程仍然很缓慢，因而可以防止多种储藏生理病害的发生。

3. 注意事项

减压储藏中存在的问题及注意事项有以下几项：

（1）减压储藏为防止果品萎蔫，必须保持高湿，但高湿会加重微生物的活动，所以最好配合有效的防腐剂。

（2）刚从减压储藏库中取出的果品风味不好、不香，但放置一段时间后可以得到恢复。

（3）减压储藏法和其他方法比较，能源费用较高。

(4) 各种果品的种类和品种不同，对减压程度的要求也不同，要通过试验确定。

(5) 减压储藏的果实应适当提前采收，采后立即进入减压状态。如果在常压下储藏一段时间，然后再减压储藏，效果不好。

随着果品生产的发展，果品储藏也将日益重要，储藏方式也势必日趋多样化。针对我国果品生产的实际情况，因地制宜，选用适当储藏方法尤为重要。果品储藏应从完全依靠销地储藏，逐步转为以产地储藏为主。因此，必须研究、推广适于专业户个体储藏或联合储藏的简单易行、经济有效的储藏方法。

单元测试题

一、填空题（请将正确的答案填在横线空白处）

1. 对于无呼吸高峰的果实，降低温度只能降低________，而对于有呼吸高峰的果实，降低温度还能________。

2. 影响果实储藏的环境因素主要有________、________和________。

3. 气调储藏是指降低________增加________浓度，并严格控制________气体。

4. 一般而言，呼吸强度和储藏寿命成________的关系，________的果品一般储存时间较长。

5. 不易发生冷害的果品有________、________等，易受冷害的品种有________、________。

6. ________和________是我国农村常采用的简易储藏水果的方法。

7. 通风储藏库一般采用________和________，一般情况下，通风储藏库每100立方米的容积，其通风面积应不少于________。

8. 机械冷藏库主要的机械设备是________和________，常用的制冷剂有________和________。

9. 气调冷库储藏（CA储藏）是一种现代化的储藏方法，主要类型有________、________、________、________。

10、减压储藏是将储藏条件（________、________、________、________）置于精确严密的控制之下，为储藏易腐果品提供最佳环境。

二、判断题（下列判断正确的请打“√”，错误的打“×”）

1. 果实在生理反应范围内随着温度的升高反应速度增加，每升高10℃，化学反应速率约增加1倍。（ ）

2. 果品在低温储藏时，需要较低的湿度才能使储存时间较长。（ ）

3. 在储藏室中，如果有一种后熟的果品放出大量的乙烯，可以引起其他果品后熟作用的发生。（ ）

单元 6

4. 一般来说，氧的浓度必须降到10%以下，才能得到抑制呼吸强度的作用，氧的浓度越低，储藏寿命越长。（ ）

5. 在限气袋中保存的果实，食用前必须将果品从袋中取出，放置在空气中一段时间，否则取出后可能后熟效果不好。（ ）

6. 储藏苹果库应比储藏柑橘库的通风面积要大些，因为苹果比柑橘呼吸强度大，产生的呼吸热多。（ ）

7. 果实入库前3～4周，应进行库内消毒，消毒时，应紧闭门窗及通风口，并密闭2～3天后，果实才能入库。（ ）

三、单项选择题（下列每题的选项中，只有1个是正确的，请将其代号填在横线空白处）

1. 对不易发生冷害的果品品种，如苹果、梨等，将其储藏于________温度时，可以得到最大的储藏寿命。

A. 高于冰点　B. 接近冰点　C. 低于冰点　D. 5℃左右

2. 一般来说，氧的浓度必须降到________以下，才能得到抑制呼吸强度的作用。

A. 15%　B. 10%　C. 5%　D. 3%

3. 不同果品对低氧的耐受点不同，氧的关键浓度还要依果品耐受________的时间而定。

A. 低氧浓度　B. 高二氧化碳浓度　C. 低温　D. 高湿

4. 一般情况下，当乙烯浓度超过________微升/升时，则会促进无呼吸高峰果实的衰老。

A. 0.1　B. 0.2　C. 0.3　D. 0.5

5. 减压储藏为防止果品萎蔫，须保持高湿，但高湿会加重微生物活动，所以最好配合有效的________。

A. 干燥剂　B. 吸收洗涤剂　C. 制冷剂　D. 防腐剂

6. ________对二氧化碳和氧气的渗透系数远比常用的塑料薄膜大得多，而且透过二氧化碳比透过氧气的速率快6倍。

A. 聚乙烯薄膜　B. 保鲜薄膜　C. 硅橡胶薄膜　D. 气调冷库

四、多项选择题（下列每题的选项中，至少有2项是正确的，请将其代号填在横线空白处）

1. 温度对果实生理反应的影响有________。

A. 有呼吸高峰的果实，如果连续处于30℃以上温度中，将使果肉成熟，但果皮不能正常着色

B. 高温将降低果品呼吸作用，并使果品营养物质受到损失

C. 如将果品放置在温度为35℃以上的环境中，将会使果品失去色素，组织变

成水渍性烧伤

D. 低温可抑制微生物的生长繁衍，可以减少储藏期间病害的发生

E. 如将果品放置在温度为35℃以上的环境中，将会破坏细胞膜的完整性和使结构分解，可导致果品迅速败坏

F. 果品正常代谢的低限是细胞组织的受冻点，一般在0～20℃

2. 影响果实储藏寿命的重要因素很多，一般而言，下列中________储藏寿命较短。

A. 有呼吸高峰的果品　B. 呼吸强度高的果品　C. 过熟采收的果品

D. 容易受冷害的品种　E. 易感染真菌腐烂病的果品　F. 无呼吸高峰的果品

3. 储藏环境中气体对果实储藏的影响包括________。

A. 降低氧可以延长果品的储藏寿命

B. 增加二氧化碳可以延长果品的储藏寿命

C. 二氧化碳含量较高时，可抑制果胶物质的分解，可以较长地保持果品的坚硬结构

D. 果品释放出来的各种挥发性气体会降低储藏寿命

E. 高浓度的二氧化碳可以抑制数种腐烂病菌的活性

F. 煤气、酒精、汽油挥发出的气体和内燃机排出的气体会缩短许多果品的储藏寿命

4. 一般情况下，可以通过________的方法来降低储藏空气中乙烯的浓度。

A. 降低温度　B. 升高二氧化碳浓度　C. 降低氧的浓度

D. 提高温度　E. 降低湿度　F. 在储藏空气中暴露高锰酸钾

5. 减压储藏的果品的特点包括________。

A. 减压储藏的果品，在解除减压后，后熟过程仍很缓慢，因而可以防止多种储藏生理病害的发生

B. 减压储藏法和其他方法比较，能源费用较高

C. 减压储藏的果实应适当提前采收，如果在常压下储藏一段时间，再减压储藏，效果更好

D. 减压储藏为防止果品萎蔫，必须保持高湿

E. 刚从减压储藏库中取出的果品风味不好、不香，但放置一段时间后可以得到恢复

F. 减压储藏需要提供其他气体如二氧化碳、氮气等

五、简答题

1. 储藏环境中的气体如何影响果品的储藏效果？

2. 低温对果实哪些生理反应产生影响？

3. 乙烯对储藏果品会产生什么影响？
4. 果品进入通风储藏库后应如何管理？
5. 机械化程度较高的气调储藏库有哪些主要设施？
6. 果实的储藏方法有哪些？

单元测试题答案

一、填空题

1. 果品败坏率　延迟果品后熟作用
2. 储藏温度　相对湿度　储藏空气中的气体成分
3. 氧　二氧化碳　果品释放出来的多种挥发性
4. 反相关　呼吸强度较低
5. 苹果　梨　柠檬　柑橘（香蕉）
6. 地窖　窑洞
7. 半地下式　地下式　0.6 平方米
8. 制冷机　压缩机　氨　氟利昂
9. 塑料薄膜袋封法　硅窗塑膜袋封法　塑膜大帐气调储藏法　现代化气调储藏库
10. 压力　湿度　通风　温度

二、判断题

1. √　2. ×　3. √　4. ×　5. √　6. ×　7. ×

三、单项选择题

1. B　2. B　3. A　4. A　5. D　6. C

四、多项选择题

1. ACDEF　2. BCDE　3. ABCDEF　4. ABCF　5. ABDE

五、简答题

略。

理论知识考核试卷（一）

一、判断题（下列判断正确的请打“√”，错误的打“×”；每题 2 分，共 30 分）

1. 苗圃地规划时一般应包括母本园采穗圃和繁殖区两部分。（　）

2. 中间砧影响的效果与其长度成正相关，当作为矮化中间砧时，砧段长度要求在 25 厘米左右；当作为抗寒中间砧或骨架砧时，砧段长度要更长一些。（　）

3. 层积处理种子时，种子与沙混合后堆放到近地面 10 厘米时，可用湿沙将沟填平，再用土培与地面相平。（　）

4. 清耕法主要利用除草剂防除杂草，土壤不进行耕作。（　）

5. 果树的根系有趋肥特性，其生长方向常以施肥部位为转移。（　）

6. 根癌病的防治方法应以预防为主、治疗为辅。（　）

7. 苹果腐烂病的防治需注意及时刮除病斑并涂药预防。（　）

8. 树形应按气候来选定，温暖多雨地区果树生长旺盛，宜选用较高大的树形；反之，低温干燥地区树形宜选稍矮小树形。（　）

9. 整形修剪从整体看[illegible]生长有促进作用。（　）

10. 一般而言，呼吸[illegible]命成正相关，呼吸旺盛的果品一般储存时间较长。（　）

11. 梨树多采用疏散分层树形[illegible]种树形无中心主干，由 3 个较强的近于直立生长的主枝构成。（　）

12. 果树对氮素的吸收特点为在生长初期吸收氮素最多，中期以后迅速下降，果实采收后又有所增加。（　）

13. 幼树栽植完成之后要及时定干，同一树种不管是稀植还是密植定干高度是一致的。（　）

14. 追肥的次数和时期与树龄有关，一般幼树生长快，追肥次数宜多，随树龄增长，追肥次数逐渐减少。（　）

15. 主干疏层形树形构成较快，结果较早，结果面积大，而且适于合理密植。（　）

试卷

二、单项选择题（下列每题的选项中，只有1个是正确的，请将其代号填在横线空白处；每题2分，共40分）

1. ________是繁育果苗最常用的方法。
A. 芽接　B. 皮下接　C. 切接　D. 舌接

2. 授粉树在果园中配置的方式很多，在大型果园中配置授粉树常采用________。
A. 中心式　B. 行列式　C. 等高栽植　D. 丛植

3. 果树施肥的目的是________。
A. 补充果树生长发育各个阶段营养元素的消耗和不足
B. 促进果实的膨大
C. 促进果树的开花结实
D. 促进果树枝繁叶茂营养旺盛

4. 果树吸收钾的高峰在________。
A. 开花期　B. 果实速生期　C. 萌芽期　D. 果实成熟期

5. 不同土壤的持水量各不相同，下列土壤的持水量由高到低的顺序为________。
A. 壤土、黏土、沙土　B. 黏土、壤土、沙土
C. 沙土、黏土、壤土　D. 沙土、壤土、黏土

试卷

6. 在北方梨区防治梨树黑星病一般第一次喷药在________。
A. 5月中旬　B. 6月中旬　C. 6月末至7月上旬　D. 8月上旬

7. 桃小食心虫防治应根据测报，当卵果率达到________时就要喷药杀卵。
A. 1%　B. 2%　C. 5%　D. 10%

8. 果树产生"大小年"或隔年结果的根本原因是________。
A. 肥水供应失调　B. 修剪失调　C. 花芽分化失调　D. 生长结果失调

9. 果树主要的结果单位是________。
A. 主枝　B. 短果枝　C. 枝组　D. 果台

10. 将直立的枝条弯向水平或下垂方向生长称为________。
A. 长放　B. 扭梢　C. 曲枝　D. 圈枝

11. 由于树体内在原因，而不是因自然灾害（或病虫害）所造成的落果，统称________。
A. 早期落果　B. 采前落果　C. 生理落果　D. 营养落果

12. 一般情况下，通风储藏库每100立方米的容积，其通风面积应不少于________平方米。
A. 0.3　B. 0.6　C. 0.9　D. 1.2

13. 有呼吸高峰的果品是随________发生量的增加而进行自然成熟的。
A. 乙烯　B. 氧气　C. 二氧化碳　D. 挥发性气体

14. 冬季修剪是在落叶果树自落叶之后至立春将发芽之前修剪，其间以________为最适期。

A. 秋季刚停止生长时　　B. 秋末打霜之前

C. 早春树液即将开始运行之前　　D. 春季萌芽期

15. 控制花芽分化数量是生产中的重要措施，应着重在________时期进行。

A. 生理分化期　B. 形态分化　C. 开花时期　D. 叶芽形成期

16. 减压储藏为防止果品萎蔫，须保持高湿，但高湿会加重微生物活动，所以最好配合有效的________。

A. 干燥剂　B. 吸收洗涤剂　C. 制冷剂　D. 防腐剂

17. 砧木和接穗品种的嫁接不亲和问题，可以通过________来解决。

A. 提高嫁接技术　　B. 采用中间砧

C. 选择适当的嫁接方法　　D. 使用生长调节剂

18. 为提高栽植成活率，可按栽植点先直接播种砧木种子或栽植砧木苗，然后再嫁接，这属于________。

A. 坐地苗建园　B. 自根苗建园　C. 实生苗建园　D. 扦插苗建园

19. 下列果园土壤管理方法中，土壤有机质含量最高的是________。

A. 清耕法　B. 生草法　C. 清耕覆盖作物法　D. 免耕法

20. 主要危害果树树干的害虫是________。

A. 潜叶蛾　B. 桑天牛　C. 金龟子　D. 桃蚜

三、多项选择题（下列每题的选项中，至少有 2 项是正确的，请将其代号填在横线空白处；每题 3 分，共 30 分）

1. 凡是由种子长成的苗木统称为实生苗，实生苗的特点有________。

A. 繁殖方法简便，种子来源多，便于大量繁殖

B. 比嫁接苗进入结果年龄早

C. 根系发达，适应性强，生长旺盛

D. 容易发生变异，不易保持原品种的优良特性

E. 树体大小容易控制

F. 能增强和扩大果树对环境条件的适应范围

2. 影响果园栽植密度的因素有________。

A. 机械化程度高的地区不适宜密植

B. 树种、品种的生长特性

C. 砧木种类直接影响着树冠的大小

D. 栽植地的气候、土壤条件差异影响果树植株密度

E. 整形修剪方式影响果树植株密度

试卷

F. 肥水条件好的地区不适宜密植

3. 果园苗木繁殖区可以根据所培育的苗木种类分为________。

A. 实生苗培育区　B. 自根苗培育区　C. 嫁接苗培育区
D. 扦插苗培育区　E. 坐地苗培育区　F. 优良母本培育区

4. 盐碱地果园土壤改良的方法有________。

A. 修建排灌设施　B. 使用洁净水灌溉
C. 深施有机肥　D. 地面覆盖覆被物
E. 经常中耕除草　F. 营造防护林和种植绿肥作物

5. 追肥是果树生产中不可缺少的施肥环节，目前生产上成年结果树的追肥主要有________。

A. 萌芽期追肥　B. 花前追肥
C. 花后追肥　D. 果实膨大和花芽分化期追肥
E. 果实生长后期追肥　F. 采后追肥

6. 防治苹果全爪螨的关键时期为________。

A. 果树休眠期　B. 发芽期　C. 花前
D. 花后　E. 麦收前后　F. 果实膨大期

7. 目前生产上确定施肥量的方法主要有________。

A. 根据营养生长量确定　B. 调查分析
C. 施肥试验　D. 营养分析法
E. 根据当年产量　F. 根据生长发育时期确定

8. 果树修剪的重要时期有________。

A. 冬季修剪　B. 花前复剪　C. 花期修剪
D. 夏季修剪　E. 采后修剪　F. 秋季修剪

9. 花芽分化可分为________阶段。

A. 生理分化　B. 组织分化　C. 花器官形成
D. 形态分化　E. 花原基形成　F. 性细胞形成

10. 影响果实储藏的环境因素主要有________。

A. 储藏温度　B. 相对湿度
C. 储藏空气中的气体成分　D. 光照时间
E. 光质　F. 环境中的微生物

理论知识考核试卷（二）

一、判断题（下列判断正确的请打“√”，错误的打“×”；每题2分，共30分）

1. 层积处理种子时，储藏温度一般应该在0℃以下，并保持一定湿度。（　）

2. 通常落叶性果树是在春季栽植较好。（　）

3. 中耕除草应该在结籽前进行，除草效果最好。（　）

4. 绿肥植物具有充分利用光能，防止水土流失、防风固沙等作用。（　）

5. 仁果类害虫黄蚜与粉蚜、瘤蚜防治方法完全不同。（　）

6. 平地果园桃小食心虫出土前在树干周围距干1米范围内培土，或树冠下覆盖地膜，可阻止幼虫出土和成虫羽化上树。（　）

7. 幼树期是指从苗木定植到开始结果前的一段时间。（　）

8. 刻伤的位置不同，所起的作用也不同，对枝条进行纵割，深达木质部，可使枝条增粗。（　）

9. 修剪老树应该尽量疏除大枝，促进萌发新梢更新复壮。（　）

10. 花芽分化多在枝条生长减缓或停止后开始。（　）

11. 一般而言，呼吸强度和储藏寿命成正相关，呼吸旺盛的果品，一般储存时间较长。（　）

12. 嫁接苗是由砧木和接穗两部分组成的，砧木的某些性状和特性，如生长势及对寒、旱、涝、盐碱和某些病虫害等的抵抗能力，都会影响到果树的生长，但是对地上部的结果习性不会有影响。（　）

13. 果园深翻的深度应该比果树根系集中分布层稍浅。（　）

14. 土壤施肥必须根据根系分布特点，一般将有机肥料施在根系分布层内。（　）

15. 果树进入老衰期后，新梢的生长较弱，花芽的着生加多，要想恢复树势，需要多剪截果枝。（　）

二、单项选择题（下列每题的选项中，只有1个是正确的，请将其代号填在横线空白处；每题2分，共40分）

1. 种植果树填穴时应先________。

A. 先填表土，后填心土

试卷

B. 先填心土，后填表土

C. 心土表土混匀后一起填

D. 不用分心土表土，随意填穴不影响果树生长

2. 芽接成活后的砧苗，剪砧后砧木上发出的萌芽，应该________。

A. 接芽以上的萌芽应剪掉

B. 接芽以下的萌芽应剪掉

C. 砧木上所有的萌芽都要及时除去

D. 对砧木上的萌芽不需处理

3. 基肥以有机肥料为主，一般是在________时施肥。

A. 花前　　B. 花后　　C. 果实膨大　　D. 秋季

4. 假设要灌溉 100 亩果园，使 1 米深的土壤湿度达到田间持水量，土壤的田间持水量为 25%，土壤容重为 1.25，灌溉前根系分布层的土壤湿度为 17%。则灌水量应为________吨。

A. 666.67　　B. 6 666.7　　C. 66 667　　D. 1 000

5. 长期采用清耕法，会产生的结果包括________。

A. 使土壤保持疏松通气，促进微生物繁殖和有机物氧化分解

B. 土壤有机质迅速减少，还会使土壤结构受到破坏，影响果树的生长发育

C. 可显著地增加土壤有机态氮素

D. 能起到除草、保肥、保水作用

6. 苹果全爪螨又名________。

A. 二斑叶螨　　B. 山楂红蜘蛛　　C. 苹果红蜘蛛　　D. 山楂叶螨

7. 主干疏层形果树一般基部有________个主枝。

A. 1　　B. 2　　C. 3　　D. 5

8. 枝条经________后，可刺激生长，近剪口几个芽抽枝较长。

A. 短截　　B. 疏枝　　C. 回缩　　D. 开张角度

9. 低产旺树多因________引起。

A. 肥水过多　　B. 营养不平衡　　C. 通风透光不良　　D. 修剪不当

10. 当芽发育到一定时期，生长点内由________的过程，即为花芽分化。

A. 叶芽形态转化为花芽形态

B. 叶芽生理转化为花芽生理

C. 叶芽状态转化为花芽状态

D. 叶芽组织转化为花芽组织

11. 气调储藏是指________。

A. 降低氧，增加二氧化碳浓度

B. 降低二氧化碳，增加氧浓度

C. 降低氧、二氧化碳浓度

D. 增加氧、二氧化碳浓度

12. 果品正常代谢的低限是细胞组织的受冻点，一般在________。

A. −4℃ B. 0～−4℃ C. 0～2℃ D. 4℃

13. 匍匐树形的适宜修剪时期为________。

A. 秋季 B. 春季 C. 冬春季都可以 D. 冬季

14. 当土壤含水量达到持水量的________时，土壤中的水分与空气状况，最符合果树生长结果的需要。

A. 50% B. 50%～70% C 60%～80% D 80%～90%

15. 仁果种危害果实的病害主要有________。

A. 梨黑星病 B. 梨树腐烂病 C. 梨树锈病 D. 梨白粉病

16. 在一些多风干旱地区，为了提高果树根际土温，利于果树安全越冬，常采用的栽植方法是________。

A. 旱栽法 B. 低畦高埂躲盐栽植法 C. 深坑浅埋法 D. 坐地苗建园

17. 某农场计划发展苹果 300 亩，每亩 120 棵，先培育海棠砧木，已知海棠果种子 50 000 粒/千克，海棠果种子纯度为 80%，发芽率为 60%，需购买海棠种子________千克。

A. 1 B. 1.5 C. 3 D. 5

18. ________是最常用的一种促进春播种子后熟的方法。

A. 激素处理 B. 温水浸泡 C. 层积处理 D. 自然晾干

19. 剪去枝条的 1/2～2/3，剪后抽生 1～2 个强枝，一般用以培养结果枝组，是指________。

A. 轻短截 B. 中短截 C. 重短截 D. 超重短截

20. 果树落花落果的直接原因是________。

A. 生长素合成能力下降 B. 乙烯合成增加 C. 离层的形成 D. 营养不足

三、多项选择题（下列每题的选项中，至少有 2 项是正确的，请将其代号填在横线空白处；每题 3 分，共 30 分）

1. 影响嫁接苗成活的主要因素有________。

A. 砧木和接穗的质量 B. 嫁接技术

C. 砧木和接穗的亲和力 D. 嫁接时的接口湿度

E. 嫁接方法 F. 嫁接时期

2. ________等对嫁接接口愈合有密切关系。

A. 砧木和接穗的亲缘距离 B. 砧木和接穗的储藏养分多少

C. 嫁接时速度的快慢　　D. 愈合组织产生的快慢

E. 有无伤流及单宁物质　　F. 嫁接方法

3. 在果树幼树期或尚未郁闭的果园，可在行间种植间作物，目前常用的间作物有________。

A. 常规蔬菜　　B. 玉米　　C. 豆类

D. 薯类　　E. 绿肥作物　　F. 草莓

4. 果园绿肥的作用有________。

A. 绿肥可使土壤有效态养分明显增多

B. 绿肥植物可促进微生物的活动，提高土壤肥力

C. 绿肥植物有利于团粒结构的形成

D. 绿肥植物能防止水土流失、防风固沙

E. 绿肥植物能改良盐碱、稳定土温

F. 绿肥植物能提高根系吸收效能和树体营养水平

5. 免耕法又称为最少耕作法。主要利用除草剂防除杂草，土壤不进行耕作。这种方法具有________。

A. 保持土壤自然结构

B. 节省劳力，降低成本

C. 果园无杂草，减少水分消耗

D. 土壤中有机质含量比生草法高

E. 免耕法表层土壤结构坚实，便于果园各项操作及果园机械化

F. 免耕法和清耕法比较，幼树生长较旺，产量较低

6. 成年果园土壤管理制度有________。

A. 种植间作物法　　B. 清耕法　　C. 生草法

D. 清耕覆盖作物法　　E. 覆草法　　F. 免耕法

7. 果树盛果期修剪的任务主要________。

A. 促进树体的及时更新　　B. 平衡树势

C. 调节生长与结果　　D. 防止出现大小年现象

E. 保持合理的树形　　F. 促进果树高产稳产

8. 培养枝组时可以采用________。

A. 先放后缩法　　B. 先截后缩法

C. 先截后放法　　D. 先缩后放法

E. 枝组复壮　　F. 枝组更新

9. 果树生理落果可分为早期落果和采前落果，早期落果的高峰有________。

A. 花期　　B. 在花期刚结束后

C. 花后 1～2 周　　D. 花后 3～4 周

E. 花后 4～6 周　　F. 采果前

10. 低温对果实生理反应的影响包括________。

A. 在临界温度的下限降低温度能对储藏寿命有明显改进

B. 在最低温度上限范围内降低温度，则可以有效地改进储藏寿命

C. 低温可抑制微生物的生长繁衍，减少在储藏期的多种病害

D. 对冷害敏感的果品即使短时间处于 10℃以下的环境也会受害

E. 一般果品储存温度应稍高于冷冻点

F. 一般果品储存温度应稍低于冷冻点

理论知识考核试卷（一）答案

一、判断题

1. √ 2. √ 3. × 4. × 5. √ 6. √ 7. √ 8. √ 9. × 10. × 11. × 12. √ 13. × 14. × 15. √

二、单项选择题

1. A 2. B 3. A 4. D 5. B 6. A 7. A 8. D 9. C 10. C 11. C 12. B 13. A 14. C 15. A 16. D 17. B 18. A 19. B 20. B

三、多项选择题

1. ACDF 2. BCDE 3. ABC 4. ACDF 5. BCDE 6. ABCDE 7. BCD 8. ACDF 9. ADF 10. ABC

理论知识考核试卷（二）答案

一、判断题

1. × 2. × 3. × 4. √ 5. × 6. √ 7. × 8. √ 9. × 10. √ 11. × 12. × 13. × 14. × 15. √

二、单项选择题

1. A 2. B 3. D 4. B 5. B 6. C 7. C 8. A 9. D 10. C 11. A 12. C 13. B 14. C 15. A 16. C 17. B 18. C 19. C 20. C

三、多项选择题

1. ABCD 2. BDE 3. CDE 4. ABCDE 5. ABCE 6. BCDEF 7. BCD 8. ACE 9. BCE 10. BCDE

操作技能考核试卷（一）

第一题　栽植果树

【操作准备】果树苗，一把铁锨。

【操作要求】至少栽 3 棵果树。

【操作时限】30 分钟以内必须完成。

【配分及评分标准】

30 分钟在挖好的定植穴内按穴内堆小土堆⟶摆放树苗⟶舒展根⟶扶正苗木⟶先填表土后填底土⟶边填边踏边提苗⟶填平定植穴⟶浇水⟶培土的标准程序完成 3 棵树的直线定植得 50 分，每少达到一项标准减 5 分，没有对齐减 10 分，每少完成一棵树减 20 分。

第二题　种子层积

【操作准备】1 千克葡萄种子，沙子，水，铁锨，花盆。

【操作要求】花盆层积处理种子。

【操作时限】20 分钟以内必须完成。

【配分及评分标准】

20 分钟完成花盆垫底⟶底上铺一层干净的湿沙⟶种子与湿沙混合（1 份种子 5 份沙的比例）混合⟶堆放到近花盆沿 10 厘米时⟶用湿沙将盆填平⟶用土培高出盆面⟶移入地窖中（窖温 0～5℃，并保持一定湿度）的标准程序得 50 分。沙的湿度以手握成团，一触即散为宜，湿度过高或过低均减 10 分；每少达到一项标准减 5 分。

操作技能考核试卷（二）

第一题　配制倍量式波尔多液

【操作准备】生石灰，硫酸铜，水，大铁桶。

【操作要求】至少配 6 千克倍量式波尔多液。

【操作时限】30 分钟以内必须完成。

【配分及评分标准】

30 分钟以内完成称硫酸铜 30 克，生石灰 60 克，水 6 千克⟶用 5 千克的水溶解硫酸铜，用 1 千克的水调制石灰乳⟶把硫酸铜溶液慢慢倒入浓石灰乳中，不断搅拌的标准程序得 50 分。称量不准减 10 分，每一步骤不到位减 10 分，稀释倍数不对减 20 分，把石灰乳倒入硫酸铜溶液中得 0 分。

第二题　环状剥皮技术

【操作准备】一条直径 2 厘米、长 20 厘米的枝条，一把嫁接刀。

【操作要求】至少进行 2 次环剥。

【操作时限】10 分钟以内必须完成。

【配分及评分标准】

10 分钟以内环剥 2 次，切口整齐，环剥的宽度 0.2～0.3 厘米，树皮干净的得 50 分，每少达到一项标准减 10 分；只完成 1 次环剥的得 30 分，每少达到一项标准的减 10 分。